茅台酒酿造技艺原理与实践

THE PRINCIPLES AND PRACTICES OF MOUTAI BAIJIU BREWING TECHNIQUES

季克良 著

中国轻工业出版社

图书在版编目（CIP）数据

茅台酒酿造技艺原理与实践 / 季克良著. —北京：中国轻工业出版社，2024.9

ISBN 978-7-5184-4865-4

Ⅰ.①茅… Ⅱ.①季… Ⅲ.①茅台酒—酿酒—研究 Ⅳ.①TS262.3

中国国家版本馆CIP数据核字（2024）第005201号

责任编辑：江　娟　　封面设计：奇文云海

文字编辑：狄宇航　　责任终审：唐是雯　　版式设计：锋尚设计

策划编辑：江　娟　　责任校对：晋　洁　　责任监印：张　可

出版发行：中国轻工业出版社（北京鲁谷东街5号，邮编：100040）

印　　刷：鸿博昊天科技有限公司

经　　销：各地新华书店

版　　次：2024年9月第1版第2次印刷

开　　本：720×1000　1/16　印张：14

字　　数：188千字

书　　号：ISBN 978-7-5184-4865-4　定价：108.00元

邮购电话：010-85119873

发行电话：010-85119832　010-85119912

网　　址：http://www.chlip.com.cn

Email：club@chlip.com.cn

241006K7C102ZBW

序言
PREFACE

茅台酒：科学的、文化的、传承与创新的产物

陈　坚

中国工程院院士、江南大学学术委员会主任

茅台酒，以其卓越的风味品质和独特的酿造技艺享誉全球。作为我国酿酒技艺的瑰宝，茅台酒酿造技艺承载了几千年的历史沉淀和文化传承，凝聚了无数酿酒人的心血与智慧。《茅台酒酿造技艺原理与实践》以季克良先生的亲身经历，深入挖掘了茅台酒酿造技艺的精髓，揭示了其背后的科学原理和文化属性，并为我们揭开了一甲子以来，茅台酒传承与创新的科学发展历程，让更多的人能够了解与欣赏这一伟大的非物质文化遗产。

一甲子，在历史长河中只是短暂的一瞬，然而这对于茅台酒乃至整个中国白酒行业的发展而言，却是一段漫长而充满变革、不断创新的时代。六十载的岁月，季克良先生已从朝气蓬勃的青年步入了耄耋之年，但他始终坚守、关心着茅台酒的发展，书写出了一段辉煌的历史。六十年的发展，茅台从39名员工、年产75吨的小作坊，发展成为现今拥有4.3万员工、年产5.6万吨的现代化企业，铸造了市值过万亿的全球酒业第一品牌。茅台酒的奥秘是什么？我想这是社会大众普遍关心的问题。

茅台酒是科学的产物，这是本书的第一个结论。30道工序、165个工艺环节造就了茅台酒独特的风味品质。“茅台酒是科学还是玄学?”是社会长期争论的问题。本书深刻并明确地回答了：茅台酒是科学的！从赤水河畔的“红缨子”糯高粱、赤水河谷的生态环境到茅台酒制曲制酒的各道工序、茅台酒贮存勾调的各个过程，每一环每一节都蕴含着许多的科学因素。首先，“红缨子”糯高粱“粒小、皮厚、色红、糯性好、耐蒸煮”的物性、赤水河谷“二长二低三彩”生态环境的独特性、茅台厂区酿造微生物群系的多样性、基酒贮存过程成分化学变化的规律，这些是茅台酒酿造的科学基础；其次，基于生物科学的酿造技术、基于化学科学的贮存工装、基于食品感知科学的勾兑工法，这些更是茅台酒高品质的科学支撑；同时，六十年来以季克良先生为首的几代茅台人通过不断地探索、研究、总结，逐步形成了茅台酒整体的生产技术和质量控制体系，其中某些环节的做法甚至与现代组学技术结果一致，这些均体现了茅台酒的科学内涵。因此，茅台酒是科学的产物。

茅台酒是文化的产物，这是本书的第二个结论。回望中华几千年历史，酒文化是中国传统文化的重要组成部分。茅台的源头，起于秦汉、熟于唐宋、精于明清，几千年的不断传承与完善，形成了茅台酒独特的酿造文化。麦子熟了要踩曲、高粱红了要酿酒，这是中华农耕文明的一个体现。茅台酒特殊的风格来自于岁月的洗礼积淀，秉承了中华文明“道法自然，天人共酿”的哲学思想，季节性生产、因地制宜、工匠之心的完美融合体现了茅台人对优秀传统文化的传承；注重物系、培育酶系、协调菌系，充分调控酿造环境、原料营养、酿造微生物活力与种类之间的平衡，造就了茅台酒“两头低中间高”轮次基酒产量的协调性与风味品格的差异性，为茅台酒勾兑提供品质上乘、丰富多样的基酒资源，体现了茅台人对“天人合一”酿造智慧的尊崇。六十年来以季克良先生为首的几代茅台人全面归纳总结、提出的“茅台酒酿造工艺十大特点”，是融合非遗文化、总结自然规律的具体实践，也深刻反映了人与自然和谐共生的思想。因此，茅台酒是文化的产物。

茅台酒是传承与创新的产物，这是本书的第三个结论。在茅台酒的发展历程中，关于传承什么、创新什么、哪些不能变、哪些需要变，一直具有一定的争议性。众所周知，传承与创新，既可能有依存和促进的状况，也会有矛盾和制约的关系。通过对本书的阅读，相信可以使读者更深刻地理解到，茅台酒的传承与创新，始终遵循的是以品质为核心的宗旨。六十年的发展，从微生物的分离培养到组学技术的深入挖掘，从纸层析技术对风味的初步分析到质谱等现代手段对风味贡献的解析，从酿造原料的特性了解到酿造生态的科学解读；从“小青瓦”“紫红泥”“条石窖”“三合土晾堂”等传统工装，和“时间之则”“气候之律”“温度之法”“结构之美”等传统工艺，到现代精准把控的原料质量、高效合理的生产调度、科学规范的管理方法、明确系统的标准体系，这些无一不体现着茅台人坚守的“传承历史精华，创新追求卓越”的理念。因此，茅台是传承与创新的产物。

我非常乐意为本书作序。一方面，季克良先生一直是我非常尊敬的学长（我的工作单位——江南大学的杰出校友）、中国酿酒科技的一代宗师；另一方面，季克良先生是茅台乃至中国酿酒行业发展的巨大贡献者、德才兼备的领导人。我相信本书无论是对专业的酿酒技术人员，还是对茅台酒感兴趣的普通读者，都具有很高的阅读价值。希望通过本书的传播，让更多的人能够更加深入地了解茅台酒酿造技艺的奥秘，同时也能够更加珍惜这一宝贵的中华文化遗产。

是为序。

前言
PREFACE

知行合一，酿造极致

季克良

当今世界，美酒如云，酿制技艺也是百花齐放、各有千秋。但就中国传统白酒而言，可以当之无愧地说，茅台酒工艺是最复杂的、最特殊的、最科学的，又是最合理的，从而酿造出了世界上最优质的蒸馏酒。

从《尚书》开始，到孔子、孟子、庄子，都在谈知与行，行易知难还是知易行难是长期以来众人争辩的一个重要话题，而明代思想家王阳明在贵阳文明书院讲习实践的过程中，渐渐产生了“知行合一”的思想。正如茅台酒工艺，它并不是从一开始就形成、固化下来的，而是一代代茅台人“实践出真知”的结果。

1958年3月，毛泽东主席做出茅台酒生产万吨的指示，让老百姓都喝上好酒的夙愿由此诞生。1964年，我到茅台酒厂工作，茅台酒的产量堪堪220吨出头，茅台酒厂作为一家以传统酿造为主的企业，在以前很长的一段时间里，茅台酒酿造基本依靠人工的经验，技艺的传承则通过口传心授，这也是为什么茅台酒产量一直提不上来，不能完全满足工业化生产要求的原因之一。直到20世纪50～60

年代，茅台酒厂在国家的支持下进行了多次科学研究和总结后才得以发展。2003年，茅台酒产量终于圆梦万吨，花费了整整45年的时间，其中的曲折坎坷、艰难困苦不是寻常人能够体会到的。在这个过程中，我深深地体会到“通过现象看本质”的重要性。今年是我从业的第六十个年头，我也步入耄耋之年了，茅台酒传统酿造技艺也从规范化到科学化，而今达到专业化水平，因此，我也曾希望能够将我对茅台酒酿造技艺原理与实践的认识写下来分享，让大家能够更深入地了解茅台酒，也让广大同行能够从中有所借鉴，共同营造美美与共的白酒生态。但我考虑到自己写作水平有限，同时退休时已76岁，老伴又离开了，就放弃了这个念头。

2022年初，时任茅台集团的主要领导提出出版技术类书籍的想法，从那时起我就开始思考成书内容，遵循“全面、客观、实用”的原则，反复推敲，力求书籍的科学性，还好在整个过程中，受到了茅台集团各方面的大力支持和帮助，终于在两年时间内完成了撰写工作。

全书共七个章节，**第一章“茅台酒工艺技术发展历程”**，以历史时间为轴（1955—2022年），从生产规模、工艺技术、设备设施、科学研究、标准体系、技术体系等方面全面回顾了茅台酒酿造技艺发展历程。**第二章“茅台酒工艺是中华农耕文明的典型实践”**，从农耕文化的尊重天时、尊重土地、尊重自然、经验为主等四个特点出发，详细论述茅台酒工艺在农耕文化上的体现，主要包括顺应天时、承接地利以及工匠技艺等。**第三章“茅台酒酿造工艺基本原理”**，首先介绍蒸馏酒酿造的基本原理，再从茅台酒酿造特点及原理、茅台酒酿造涉及的固态发酵原理等方面论述茅台酒酿造工艺的基本原理。**第四章“茅台酒酿造工艺实践”**，以上一章为基础，进一步阐述茅台酒生产工艺特点及其科学内涵，并从生产操作层面介绍茅台酒生产过程的核心要点，阐释茅台酒高品质背后的独特工艺技术体系。**第五章“茅台酒勾兑的工艺实践”，**顺应工艺流程，承接茅台酒生产的工艺实践到茅台酒的勾兑技术，主要阐述勾兑在各香型白酒中的必要性及重要性，进一步论述茅台酒勾兑体系的建立及特点。**第六章“离开茅台镇生产不出茅台酒”，**从“茅台酒酿造产区自然生态环境的独特性”“茅台酒酿造产区微生态环境的独特性”和“中国白酒酿造产区的保护”展开讨论，对论断的提出背景、茅台酒生态环境和微生物的独特性及酿造产区的重要性做出探讨。**第七章“茅台酒独特卓越的产品品质”，**从茅台酒典型的感官品质、独特的风味特征等方面详细阐述茅台酒品质的独特性与复杂性，并针对茅台酒品质的稳定与提升提炼出具有茅台特色的品质保障体系。

由于编者学识有限，书中疏漏与不当之处在所难免，恳请读者批评斧正，希望能够通过本书的出版起到抛砖引玉的作用。

目录
CONTENTS

第一章

CHAPTER 1

茅台酒工艺技术发展历程

茅台酒工艺发展历经规范化、科学化和专业化三个阶段

1964年，我和爱人徐英大学毕业，当得知被分配到茅台酒厂工作时，内心不免对誉满全球的茅台酒有了几分期许。当一路颠簸来到茅台镇，看到生产出举世闻名茅台酒的厂房，竟不过是些木梁架子支撑着的小青瓦平房，一间间偏偏倒倒（图1-1），假若不是那片笼罩在厂房上空挥之不去的酒糟香味，真不敢相信自己已经来到了生产茅台酒的地方，此时内心充满凄凉。

图1-1　20世纪60年代，茅台酒厂全貌

我和我的爱人都是第一批分到茅台酒厂的发酵专业大学生，进厂报到，我被分配到了车间，与工人师傅一同劳动，在工作的实践中，我发现茅台酒的制作工艺和在书本上看到的大不一样。厂里的酿酒师傅大多来自农村，几乎没有什么文化，生产主要依靠酒师的经验和感觉，而每个酒师的感悟又各有差异，并没有一套科学、规范的操作章程来指导生产。经过长期、深入、细致的观察，我发现了茅台酒的一些秘密，在感受到茅台酒酿造技艺的博大精深后，我对爱人说，先学十年，十年后我们才可能有发言权。

一转眼，我在茅台已待了近60年，这60年我亲自主导参与了茅台酒工艺技术发展的规范化、科学化和专业化。从粗放的经验式生产到形成科学、规范的生产指导组织，茅台早已不再是昔日的样子，有幸之至，我见证了它的蓬勃发展。

第一节
茅台酒传统技艺的规范化

据茅台镇出土文物及相关史料记载，茅台酒酿造历史非常悠久，最早可追溯至商周时期，在西汉时期便有规模性的酿酒生产。在400多年前的茅台村已有酿酒作坊存在，且酿造工艺早已成熟，茅台酒“回沙”工艺基本成型。另据清道光十八年（1838年）郑珍、莫友芝纂《遵义府志》载：“茅台烧房不下二十家，所费山粮不下二万担。”民国4年（1915年），美国政府为庆祝巴拿马运河开通，在美国旧金山市举办国际博览会（图1-2），中国政府应邀组织国内知名产品参展，中国贵州茅台酒在会上获得金奖，被评为世界名酒。

图1-2　1915年美国旧金山举办的巴拿马万国博览会会址

茅台酒传统工艺手工操作程度极高，操作方法被历代酒师视为祖传秘技，历来传子不传女，靠口授身传、师徒相承。新工人进酒坊后，要当杂役，先割三年马草，才能升为伙计参加烤酒，如果要拜师学艺，还须满足苛刻的条件。因历史原因和时代局限，没有具体的文字记载，靠口授身传的方式造成酒师们各师各教、各具特长，有时还会互不认可。

中华人民共和国成立前，茅台镇上主要有成义、荣和、恒兴三家酒坊（图1-3）酿制茅台酒。1951年，国家把三家私营酒坊合并改建为国营茅台酒厂。这三家酒坊酒师不但操作方法不统一，还有一定师承门派之见。合并进厂以后将过去门派之见也带进了厂内，都说自己是“老操作”，争论不休，操作不规范、不统一。

图1-3　20世纪50年代茅台烧坊旧址（依次为成义烧坊、荣和烧坊、恒兴烧坊）

1953年，依靠老酒师、工程技术人员、工人和干部，收集、整理了贵州茅台酒传统生产工艺，归纳了14条，后称“14项操作规程”，才算初步有了一个统一的生产操作规定，这也算是茅台酒工艺技术规范化的第一步。此后又经历了三个重要的发展时期，茅台酒传统技艺的规范化从基础走向精进。

一、茅台酒传统技艺的基础奠定期（1955—1966年）

国营改制后，茅台酒虽然有了初步统一的操作规程，但是很多具体环节的操作还是未能有效统一，操作的差异性仍然很大。而且因为生产结果的不可控，大家都有追求产量的思想，在这种思想的影响下，还曾实验用生产二锅头的操作工艺增加产量，结果事与愿违，质量下降，受到了上级的严厉批评。1955—1966年，茅台开始注重生产工艺的规范和质量改进，逐步奠定了茅台酒传统技艺规范化的基础。

1955年，围绕生产过程质量控制方面开展了大量的劳动竞赛和技能比武，一年间，职工们针对如何提升产量、质量的问题提出了30余条合理化建议，被采纳的近20条。酒师王绍彬、老酒师郑应才提出在窖内培养香味的建议，应用后效果显著；李兴发提出一项暑季参照窖内温度开窖的建议，打破了夏季酿酒产量必然下降的规律。大量技术改进实验的开展和成果的运用，促进了茅台酒工艺技术的逐步规范。

自1956年开始，茅台酒厂陆续将生产实践经验、具体技术要求等通过技术标准的形式固化和传承。特别是1956年10月至1957年6月，为贯彻国家名酒会议精神，保证茅台酒质量，由贵州省工业厅、贵州省工业技术研究所和茅台酒厂技术力量组成“恢复名酒质量工作组”，分两阶段对贵州茅台酒生产工艺进行初步探索，由实践到理论进一步完善制曲的标准、茅台酒生产和质量标准，制定统一的操作规程等。郑义兴将其五代家传技术和自己近30年积累的宝贵经验口述记录整理，并动员其他酒师打破保守观念，传授技术，整理出制曲、制酒操作相关规定，为初步完善茅台酒生产工艺和巩固提高茅台酒质量做出重要贡献。

1957年，茅台酒厂全面总结形成茅台酒传统工艺操作规程，起草制定了《茅台酒标准》（草案），初步构建起了茅台酒的技术规范体系。

1959年，轻工业部为了总结提高茅台酒的传统工艺，派出了轻工业部发酵工业科学研究所（现中国食品发酵工业研究院有限公司）熊子书高工为代表的工程技术人员和贵州省轻纺科研所、茅台酒厂工程技术人员一道进行了传统工艺总结，做了大量工作，写出了《贵州茅台酒的传统工艺总结》，茅台酒传统酿造技术体系基础进一步打牢。20世纪60年代，是茅台酒传统技艺的再探索阶段，闪耀着广大基层技术工人的智慧。1960年12月，工人王安良、王定才的“疏松上甑法”和任德轩的“密封管窖法”被总结推广；1964—1965年，因之前有一段时期对窖底香不重视，而且不分黑白都称这种香是泥臭，产出的基酒一经评定就成次品。自统一了窖底香是茅台酒香气重要组成部分的思想认识后，大家积极开动脑筋，钻研如何做出好的窖底香，总结了一些养窖的优秀经验，例如，发明以糟养窖的方法，丢糟后用糟子保养窖，不让窖空着，以保持窖的湿润；总结出了烧窖的独特操作工艺，以调节窖温，杀灭杂菌，让相对耐热的微生物留下来，起到筛选微生物的作用；还总结出了利于产生好窖底香的窖底保养规范方法，对于底曲该撒多少适当，尾酒用量及浓度等都进行了实验和总结。1965年，开始在车间推广应用两期试点形成的堆积发酵均匀上堆方法、盖窖方式及馏酒浓度控制等经验。由于20世纪60年代系列工艺技术体系规范和改进工作的进行，带来了产量、质量的大幅提升，从建厂之初到20世纪60年代，在保持质量稳定的前提下，产量有效提升。

二、茅台酒传统技艺的全面规范期（1978—1995年）

1966年之后的十年，“文化大革命”时期，茅台酒的生产秩序受到严重冲击，传统技艺的规范化发展停滞不前。十一届三中全会以后，茅台酒厂才走上了转折性发展道路，传统酿造技艺的规范化发展焕发出新的生机，以“两期试点”的科学结论为基础，开始了实践到原理之间的反复验证和升华，解决了制约和影响生产质量的一系列问题。到20世纪90年代中期，茅台酒传统技艺得到了全面规范，其间形成的各项标准、规程，以及观念和思想，绝大部分一直沿用至今。

1980年前后，规范封窖管窖工艺，减少窖内发酵过程乙醇的挥发，彻底解决了第一排产量低的问题；1991年，规范了最佳接酒浓度范围，佐证了“两期试点”总结出的乙醇和水混合收缩限度最大范围为53%～55%vol的重要经验，改变了“度高酒香”的传统认知；20世纪70～80年代，一、二轮次酒酸度大，生酸猛，整个生产周期是前猛后衰，即前几个轮次产量很高，后几个轮次产量很低。通过不断探索，茅台技术人员认识到投料水分大造成了酸度大，导致淀粉糊化过头，淀粉过早消耗，破坏了轮次间出酒率的平衡。因此逐步规范和建立了“润粮是关键工艺、逐步糊化是全局观念”的茅台酒酿造技艺核心；1991年提出了防止二轮次酒“掉排”的21项影响因素和50多条具体措施，1992年进一步规范了“投料水分不准超过工艺规定上限”的操作要求，并对超过上限的班组采取严格管理措施，彻底解决了二轮次酒“掉排”的重大问题。通过实践，产量和质量不断提高，使大家逐步认识到合理投料水分的重要性，开始自觉地控制和降低投料水分。

在这段时期，当时茅台酒厂科研所的白酒实验班开展了一系列生产科研活动。例如，开展了大小投料水分实验，以论证茅台酒投料水分的最佳范围；开展了红粮破碎程度实验，以研究磨粮程度是严格按下沙二八成、造沙三七成为好，还是粗一些、细一些好的问题；开展了堆积温度、发酵程度的实验，以论证最佳堆积发酵温度、发酵程度的范围；开展了茅台酒香味物质分析检测及提香实验，重点研究分析茅台酒香气成分主要是高沸点物质还是低沸点物质问题。这些实验和研究进一步印证了实践结论的科学性，论证了这段时期的经验做法和重要参数，固化形成了《生产工艺技术操作规程》及附录、《制曲暂行操作法》等操作规程，总结形成制酒、制曲、勾兑、包装四个主要生产环节的工序要点，包括操作规程、注意事项、质量标准、检验制度等。至此，茅台酒传统技艺得到全面规范，为之后快速扩产奠定了坚实基础。

三、茅台酒传统技艺的持续精进期（1996—2012年）

20世纪90年代中期以来，随着国家经济的全面发展，茅台酒厂的劳动条件和劳动环境有了极大改善，生产技术管理水平也不断提高，检测手段、检测力度大大加强，对传统技艺和酿造机理的解析不断深入，许多以往只知其然的工艺操作，其背后的原理和逻辑不断为茅台人所掌握，并以此修正调整工艺参数和操作方法，建立了大量生产、质量和技术标准，并形成体系，茅台酒传统技艺日益精进。

1995—2001年，在相关研究成果的指导下，投料水分逐年下降至合理水平，堆积发酵质量大大提高，基酒质量逐年提升。

1996年，科学技术部、国家保密局将贵州茅台酒生产工艺定为秘密级国家技术，保密期为长期。

1984—1997年，陆续推出43%vol、39%vol、38%vol、33%vol等低度贵州茅台酒新产品。

2000年，申请茅台酒原产地域产品保护，于2001年获得国家原产地域产品保护认定。

2001年，制定了白酒行业第一项地理标志产品国家标准（GB 18356— 2001）《茅台酒（贵州茅台酒）》，填补了酱香型白酒过去无国家标准的空白，该标准项目于2008年荣获“中国标准创新贡献奖”三等奖。该年度技术分析会上，首次提出了“鸡汤原理”，对合理的产质量比例关系进行了论证。

2002年，国家标准化管理委员会授权省质量技术监督局，向贵州茅台酒股份有限公司颁发《采用国际标准产品标志证书》，标志着茅台酒在国际化的道路上又迈开了一大步。

2005年，贵州茅台酒获颁纯粮固态发酵白酒标志。中国质量认证中心（CQC）贵州评审中心向贵州茅台酒股份有限公司颁发了质量管理体系、环境管理体系、职业健康安全管理体系的一体化管理体系证书。

2009年，公司形成了包含14类210个标准在内的技术标准体系，茅台酒生产技术标准体系基本完善。同时，公司发起并筹建了全国白酒标准化技术委员会酱香型白酒分技术委员会，是贵州省第一家全国性标准化委员会。

2013年，公司全面整理、总结茅台酒生产传统工艺，形成5大流程、30道工序、165个工艺操作环节的统一描述。

经过数代人的努力，茅台始终坚持质量第一、坚守传统酿造工艺，建立了集生产指挥、技术指导、质量管理和服务保障为一体的生产管理体系，形成了顺应天时、承接地利、营造人和、守正创新的茅台酒特色工艺管理和生产组织模式，为茅台酒生产质量良好发展提供了有力保障。

第二节 茅台酒工艺技术的科学化

科学技术是第一生产力，伴随着茅台酿造技艺体系的规范化，科学化的进程也在不断加快，为茅台酒的产质量稳定奠定了科学基础。1956年，国家科学技术委员会制定“十二年科技规划”，其中列有总结提高贵州茅台酒传统特色食品的课题，还被轻工业部列为“中苏合作”重大科研项目。同年8月，全国名酒会议召开，会议明确整顿名酒质量方针，即“加强领导，重点整顿，总结历史经验，改进技术管理，巩固、提高质量”。按照贵州省工业厅的要求，茅台酒厂花费了7500元购置了基本的实验仪器和实验用品，正式成立了化验室，这也是如今茅台检验检测和研究机构的前身。

一、两期试点开启了茅台酒的科研之路

1963年，第二届全国评酒会在北京举行，因为此时对白酒的香型还没有明确的认识，白酒的评比没有分类编组，造成了以香气浓著称的浓香型白酒在品评结果上占有优势，而放香较弱的清香型和

酱香型白酒得分较低，没有真正反映不同风格白酒的特点。此次评比结果引起了国家的关注，责成轻工业部组织试点组对贵州茅台酒及山西汾酒进行科研工作，由此引出了茅台科技试点。

1964—1966年，轻工业部和贵州省成立科技试点组（图1–4），由轻工业部高级工程师周恒刚负责，抽调了辽宁、黑龙江、河北、天津、河南以及贵州省轻工业科学研究所、贵州董酒厂、贵州茅台酒厂科研人员，按照茅台酒的生产周期，分两期开展了科技试点研究。第一期从1964年10月至1965年5月，第二期从1965年11月至1966年4月，俗称“两期试点”。在近两年的时间里，科研人员对茅台酒的生产原料、酿造用水、制酒制曲、蒸馏接酒、香气成分剖析及微生物筛选育种等方面进行了系统深入研究，总结论证了茅台酒季节性生产、堆积发酵、高温制曲、以酒养酒等传统工艺特点，肯定茅台酒传统工艺的科学性、合理性，形成了茅台酒生产工艺的早期技术文件，取得了颇为丰硕的研究成果。**在微生物方面，**以周恒刚为代表的专家组在茅台分离并保藏了70多种微生物菌株，建立了茅台微生物档案，并开展了“中草药对酒精酵母的影响”等研究，初步确定了乙酸乙酯等香气香味成分与微生物种群的对应关系，并首次分离培养了己酸乙酯的香气贡献及产生者己酸菌。**在工艺方面，**科研人员以严谨的科学态度、严格的工作作风、求真务实的精神，分别对茅台酒的生产原料、酿造用水、制曲制酒的堆积、发酵、蒸馏、香味物质组成等方面进行了研究，整理编写了11份研究报告，试点对“堆积在茅台酒生产上的重要意义”做了专题研究并指出堆积是二次制曲，验证了茅台先辈们运用堆积的方法，巧妙地网罗和利用环境微生物，弥补了茅台酒曲中微生物不足的问题。根据“两期试点”形成的工艺研究结果，总结形成了《关于茅台酒生产上的几个问题》《堆积在茅台酒生产中的重要意义》《黄白黑三种曲酿酒实验总结》等重要学术报告。**在香气方面，**发现了酱香型白酒“窖有底香”，得出己酸乙酯是窖底香突出的香味成分等结论，此结果奠定了浓香型白酒主体香解析的基础。试点中采用化学方法对茅台酒中总酸、总酯、总醛、杂醇油、糠醛等成分进行了定量研究，采用纸上层析的方法，剖析出茅台酒香气成分48种，奠定了茅台酒主要理化指标和卫生指标研究的基础，开启了茅台酒香气成分研究之路。“两期试点”还充分肯定了李兴发等工程技术人员所提出的“酱香、窖底、醇甜”三种典型体划分的科学性，通过纸上层析法从组成成分上进一步认定了三种典型体的合理性和科学性。1965年，轻工业部在山西召开的茅台酒试点论证会，正式肯定了茅台酒的三种典型体的确立及酱香型酒的命名，在一定程度上，为后来的国家评酒活动提供了较为科学规范的依据。

图1-4 1965年茅台酒科学实验两期试点（第一期人员留影）

跟随着“两期试点”的脚步，老一代茅台技术人员在长期的生产实践积累中，通过反复品尝、反复研究、反复归纳和统计，将“两期试点”成果成功应用于茅台酒生产、贮存和勾兑环节，《我们是如何勾酒的》的经验总结奠定了中国白酒香型划分和名白酒企业勾兑技术应用的基石，也为茅台近60年的发展和质量的稳定提高奠定了重要基础。总体来说，“两期试点”工作，对茅台和中国白酒行业有三方面的成就和意义。第一，进一步规范了制曲、制酒传统工艺和操作。因为“两期试点”的重要贡献，成了茅台酒工艺技术规范化的重要时期，很多工艺总结、操作方法、参数设计沿用至今。第二，对酿酒微生物进行了更深入的研究，初步掌握了制曲、堆积、发酵过程微生物的活动规律。在生产茅台酒的窖池底部发现了梭状芽孢杆菌，经分离鉴定确定为己酸菌，确认其代谢产物为己酸乙酯，对浓香型白酒发展起到了促进作用。从茅台酒中分离的部分微生物为后来麸曲酱香型白酒的生产提供了丰富的微生物资源。第三，利用纸上和薄层色谱法，初步检测茅台酒的微量成分，奠定了茅台乃至中国白酒成分分析的研究基础。

二、茅台酒酿造核心技术理论体系逐步形成

1979年，通过长期实验和不断总结，《增产酱香酒的十条经验》等一系列论文得以发表，全面总结出了茅台酒不同于其他名白酒的十大工艺特点，彻底解决了在生产工艺中长期悬而未决的水分之争、曲药之争、窖料之争等一系列问题。1998年，经国家经济贸易委员会、财政部、税务总局、海关总署四部委核定并批准，成立白酒行业首个国家企业技术中心。

在风味成分研究方面，自1978年开始，在“两期试点”的研究基础上，贵州省轻工业科学研究所曹述舜、丁祥庆等同志和茅台酒厂科研人员再次开展对茅台酒香气香味成分的研究，分析出茅台酒香气香味成分达60多种，此项成果获得了贵州省科技大会奖。1995年后的十年间，通过气质联用技术，对茅台酒中成分的研究和认识不断深入，分析出的茅台酒香气成分数量从200余种扩展到900余种。2001年，中国食品工业协会授予中国贵州茅台酒厂有限责任公司“提高白酒质量工艺技术研究”项目“1981—2001中国食品工业20大科技进步成果”荣誉称号。2005年，茅台科技人员与中科院合作，首次采用全二维气相色谱对茅台酒香气香味成分进一步剖析，证实茅台酒中存在香气香味成分达近1000种，其中可定性研究成分

近600种；同时初步建立了真假酒识别模型和陈年贵州茅台酒指纹模型。自2006年起，茅台酒研究从成分分析迈入了风味分析阶段，在茅台酒千余种成分中解析出360多种风味物质的风味贡献度，发现120余种具有较大贡献度，65种对茅台酒风味特征有重要贡献，建立了茅台酒风味轮廓模型和出厂产品相似度评价模型。2007年，初步建立了茅台酒与酱香型白酒的判定模型。自2013年以来，以风味为导向的系列研究成果已经成功应用于1400余批次茅台酒的出厂稳定性监控中。近十年，茅台启动了酱香型白酒呈味物质的研究，在国际上首次解析了茅台基酒中呈后鼻嗅糊味特征的关键风味化合物，标志着白酒风味研究从香气研究时代进入口味研究时代。

在酿造微生物的研究方面，在“两期试点”分离保存的70种微生物菌株基础上，逐步建立完善了茅台酒酿造微生物菌种库。20世纪80年代，贵州省轻工业研究所丁祥庆所长和茅台酒厂研究人员，又在茅台酒厂分离出微生物菌种85种，其中包括产酱香较好的6株细菌和7株酵母菌，并试制推广到贵州麸曲酱香型白酒的生产中，该项成果荣获贵州省科技进步三等奖，所产麸曲酱香型白酒还获得了国家优质酒奖。自20世纪90年代后的14年，茅台的科研人员持续在茅台酒酿造过程中分离保藏了278株微生物。2003年，神舟五号载人航天飞船带着生产茅台酒的酒曲进入太空实行诱变育种。2004年，茅台与中科院微生物菌种保藏中心联合开展了“茅台酒大曲太空诱变育种效应”的研究，取得初步成果。2005年，茅台集团和中国科学院微生物研究所从茅台酒曲中成功分离、鉴定出过去未知的100多种1200多株菌种，并在此基础上建立了我国白酒行业首家酿造微生物资源菌种库。2006年，全国首家白酒生产企业实验室——中国贵州茅台酒厂有限责任公司贵州茅台（白酒）检测实验室获中国合格评定国家认可委员会认可。与此同时，经过一系列项目研究，生产场地新发现微生物菌种近100种，使茅台酒微生物菌种资源库扩大到了近400种。2012年，随着高通量测序技术引进，陆续集成宏转录组学、宏蛋白质组学等先进技术，对茅台酒微生物的研究进入了分子时代。至今，已发现曲醅、酒醅和酿造环境中1946种微生物，这个数字也是当前行业可见文献报道中最多的，进一步证明了茅台酒酿造体系的复杂性和多样性。与此同时，通过提取酿造过程微生物的基因信息，实现了对关键工序节点微生物体系常态化定期监测，能够及时掌握酿造微生物的变化情况。茅台菌种资源库也已累计达到159种7400株酿造微生物，获取活体菌种资源比例达到10.2%，远超常规微生态的获取比例。

在茅台酒的酿造原料研究方面，2003年，神舟五号载人航天飞船带着生产茅台酒的50g高粱种子进入太空实行诱变育种。2005年，初步建立了高粱支链淀粉定量校正模型；利用液相色谱技术进行进一步实验，初步确定了高粱单宁的提取方法。2007年，建立了适用于公司高粱、小麦中13种农药残留的检测方法及相关企业标准，两项成果均通过贵州省经贸委组织的专家评审，获得省级新技术鉴定。2010年，经过多代选育，以“牛尾砣”和“小红缨子”优良异形单株高粱为选育材料获得了茅台酒专用高粱“红缨子1619”。2015年起，茅台酒酿造用糯高粱种质资源的分子鉴定研究的启动，标志着茅台酒用原料研究进入分子时代。2016年综合利用化学技术、生物学技术等手段，建立了一套包含25项分析方法、50项指标的酿造高粱品质分析方法体系，建立了红缨子高粱品种感官检验特征的定性和定量指标，对酱香型白酒优质酿造原料“粒小、皮厚、色红、糯性好、耐蒸煮”的特性进行了科学解读，实现了品质特征从传统感官经验描述到科学指标定量的转变，并建立了基于指纹图谱技术、分子标记技术、热学参数和总酚含量特征的高粱品种及纯度鉴别方法。小麦方面，茅台酒用小麦的产地经历了从茅台镇到贵州省内，再到全国优质小麦产区的变迁。对小麦品质指标和生物安全指标开展相关研究，初步建立了小麦品质指标检测方法，明确了酿酒小麦的“3+2”指标体系，引进“单双倍体育种+分子标记辅助育种+抗赤霉病鉴定+就地一年4次加代技术”的小麦品种选育技术，全面开展酿酒专用小麦新品种培育，截至2022年通过审定小麦新品种6个。

20世纪80年代，在不断总结、研究、深化和规范茅台酒传统工艺的基础上，围绕工艺技术、微生物、风味物质研究的茅台酒核心技术理论体系逐步形成。**提出了一系列的科学论断**，包括“离开茅台镇就产不出茅台酒”的科学论断和茅台酒的健康理念。“离开茅台镇就产不出茅台酒”的观点是白酒行业第一次使用“原产地”概念，这个论断是对若干实践的总结及其对酿造微生物长期观察和研究得出的。除原料、工艺、技术人员、酿酒设备等因素外，也离不开茅台镇特殊的自然生态环境及其长期生产实践孕育出来的独特的酿造微生态。茅台酒的健康理念，是不上头、不口干、不头痛的饮后感受的提炼，也是在对茅台酒中丰富的风味物质及活性成分长期研究中总结得出的。**全面科学总结茅台酒生产工艺技术体系**，提出了茅台酒生产的系统工程概念和逐步糊化、合理糊化的指导思想，确立了茅台酒高温制曲、高温堆积、高温入窖、高温馏酒、长期贮存的工艺特点，解决了茅台酒一、二轮次酒“掉排”、茅台酒均衡生产和产品质量的稳定提高等一系列工艺实践问题。**形成了一批科技成果**，制定了从原料进厂、制酒、制曲、贮存、勾兑，到产品出厂的技术标准、产品标准和技术作业文件，实现了科研成果的转化落地，为茅台酒的规范、科学生产奠定了理论基础；构建了茅台酒风味轮廓图，并建立了基于风味品质评价的茅台酒相似度评价体系，确保了茅台出厂酒的批次稳定性；建立了基于感官组学技术的茅台酒中呈味物质分析技术体系，丰富了茅台酒品质表达维度。通过多组学技术联用、跨学科技术集成、生产性实验论证，基本构建形成以酿造微生物多样性、稳定性和功能微生物代谢机制解析为三大核心的酿造微生物研究体系。明确了参与茅台酒酿造全周期的微生物达1946种，其中细菌1063种，酵母菌和丝状真菌类微生物约883种，建立了包含159种、7900余株茅台酒酿造优势微生物的菌种资源库；证实了主要产酒功能性酵母、产酸功能性细菌在堆积过程中呈现网状拓扑结构的协作机制；明确了空杯留香、果香、花香、酸香等主要风味表征物质微生物溯源及其代谢途径解析工作。完成了17种功能微生物代谢途径解析，涉及1200余种代谢产物。以上微生物基础研究工作的突破，一定程度上阐释了传统工艺机理，揭开了传统工法的神秘面纱一角。

第三节
茅台酒酿造生产的专业化

建厂初期，茅台采取的主要是“作坊式”的生产模式，人背、肩挑方式造成生产力落后，因生产规模小，工种未做细分，工人同时兼任制曲和制酒等工作。在茅台酒传统酿造技艺规范化和核心酿造理论体系不断科学化的基础上，加上规模扩大，茅台酒生产逐渐从“一锅烩”向各领域专业化的方向转变，从机制制度、工艺方法、人员素养、设备设施改进、原辅料供应保障等方面日臻完善，形成制曲、制酒、贮存、勾兑四大传统工法体系，生产质量稳定提升，为卓越产品品质的保障奠定了坚实的基础。

一、制曲工法的专业化历程

20世纪70年代，开始划分制曲、制酒、贮存、勾兑、包装等工种，制曲设立了曲师、制曲工等，且明确了各环节具体分工，有效保障了大曲质量，全面提高了生产效率。20世纪80年代，第一个制曲车间单独成立，掀开了制曲工序独立完整管理的篇章。

机制体制改革的同时，制曲酿造技艺也逐步摆脱单一依靠“口传心授”的传承方式，形成了自己的技术规范和评价标准。1956年10月至1957年6月，由实践到理论，在制酒操作规范中明确制曲的操作标准；1960年12月，系统梳理制曲传统操作要点，制定《制曲暂行操作法》；1974年，经曲师、酒师们讨论，生产技术科整理下发了《茅台酒曲操作注意事项》，全面规范制曲生产工艺；1975—1980年，总结形成制曲、制酒、勾兑、包装四个生产环节的工序要点，包括操作规程、注意事项、质量标准、检验制度等；1994年，首次制定了独立的《制曲作业指导书》，规定了小麦磨碎的感官标准和比例、摊晾要求等；2002年以后多次修订补充，对润麦、新老草使用等参数要求进行细化规范，构建形成"选、踩、发、拆、存"五字工法要诀，黄曲率及成曲率等大曲评价体系。在这期间，小麦、稻草作为制曲的重要原辅料，对其认识也在不断加强，例如，曾探索利用草帘子来替代铺草环节烦琐的工作，但发现其保温及接种等效果不能满足工艺要求；对小麦的要求也从对淀粉、水分等常规理化指标的要求，扩充到对产地及硬度等的要求，从而逐步建立了从种植、收储到供应端的供给体系和质量标准体系。

制曲配套设备设施也在不断地专业化。建厂初期，制曲用的设备都非常简陋，例如，踩制成型的曲块完全靠人工背曲入仓（图1–5）、粉碎小麦用钢磨操作烦琐（图1–6）、磨曲采用人工敲碎曲块用石磨碾碎后人工转运，工人劳动强度很大，计量也不精准。

从20世纪70年代开始，制曲设备不断改进形成了自己的体系，磨曲设备升级为叉车喂料、机械磨曲，曲粉经管道风送至缓存仓，再通过罐车转运至班组，用流量计计量，员工劳动强度大幅降低，整个过程密闭管理，计量更加准确。

在设备不断机械化、专业化的过程中，茅台有一个基本原则，所有的设备改进都必须从小试、中试开始，要经过严格的评

图1–5 20世纪50年代茅台酒工人背曲入仓

审，如果不能满足工艺要求，影响微生物群系生长代谢的改进坚决不能推广。例如，机械压曲，1958年，职工沈钟雨试制打曲机；1967年，还曾开启机械制曲探索性生产；20世纪90年代以来，多次启动不同技术用于机械压曲的试验，特别是2012年应用仿生技术模拟踩曲，曲坯的形状、密度都很接近人工踩制曲，但最终都因曲坯成型多样性、提浆程度、仓内发酵质量都逊于人工踩曲没有推广。制曲基础设施也是一个不断改进的过程，从一层楼的砖木结构，逐步通过实验论证改进为多层砖混结构，晾堂、发酵仓、干曲仓的尺寸通过长期的摸索，也逐步固化形成工装标准。同时，在长期的实践中，小青瓦、三合土发酵仓地面等利于工艺执行的传统基础设施，作为重要工装标准被传承保留下来。

图1-6　20世纪70年代茅台酒制曲前粉碎小麦的钢磨

二、制酒工法的专业化历程

相比制曲生产，制酒生产的专业化步伐迈出得更早也相对更为成熟。自20世纪50年代后期，制酒就开始采用车间建制；到70年代，原三家作坊编制为制酒一车间；80年代建设制酒二车间；90年代设制酒车间5个，班组30余个，产能达到2000吨，90年代末，产能达到6000吨；2000年以后，基本以每年一个车间24 ~ 32个班组的速度扩建，至今已有29个车间，5.6万吨基酒产能。

在1953年的建厂初期，为统一操作标准，充分发动酒师、工程技术人员、工人和干部的力量，归纳形成了14项操作规程，内容相对简单粗放，但也算正式开启了制酒工法的专业化之路；1957年，起草制定了《茅台酒标准》（草案），初步构建起了茅台酒的技术标准体系；1964年，根据轻工业部指示，建立了茅台酒部颁标准，包含技术要求、试验方法、验收规则等12项内容；1979年，总结出茅台酒不同于其他名白酒的十大工艺特点即“三高、三低、三多、一少”，明确了茅台酒与其他香型酒的区别；1992—1994年，通过开展原料破碎、投料水分、发酵温度等的对比研究，总结解决“二次酒掉排”问题的成功经验，完善形成《制酒作业指导书》，对轮次产酒计划、大曲用量、高粱破碎度、作业排数等进行了明确规定；2002年以后，又对制酒生产标准体系进行多次修订补充，对润粮操作、摊晾拌曲、打造方式等进行了细化规范，并逐步构建形成“顺、润、蒸、晾、发、入、管、开、上”九字工法要诀和产量、酱香比例、产酒比例等基酒评价体系。在这期间，对天气及作业时间对生产影响的认识也不断加深，总结形成了因时制宜、因地制宜的生产作业模式和方式。跟随着制酒工法日臻完善的脚步，制酒用的原辅料也经历了一个从粗犷到不断改良优化的过程，比如生产原料方面，红缨子糯高粱是茅台酒制酒的主要原料之一，因形似“红缨枪”而得名，是本地特产的一种糯性高粱，其颗粒小、皮厚、扁圆、结实、干燥，淀粉和单宁含量合理，尤其是支链淀粉含量占总淀粉含量的88%以上，比外地高粱高出1/3左右，刚好符合茅台酒多轮次蒸煮和发酵的工艺要求。这种特殊高粱的品种选育过程也经历了一段艰难的历程。建厂初期，由于产能较低，高粱的供应主要在周边农户散种散收，不成体系，品种之间也存在一定差异，影响基酒质量稳定。为保持红缨子糯高粱独有的特性，仁怀高粱专家涂佑能从1985年开始着手育种工作，历经14年的本地高粱良种寻觅，直至1999年才发现优良的“牛尾砣”单株。后又通过十余年杂交、扩繁、优良株系选择、原种繁殖、酿酒等一系列艰辛探索和实验，最终才成功选育出“红缨子”高粱品种，较大程度地稳定了茅台酒质量。在原料不断改良提升的同时，生产所用辅料的使用也在不断优化完善，比如生产所用的谷壳，一开始不经过处理就直接进入生产，不仅会导致糠醛等物质的含量偏高，还会将异杂味带入基酒中，影响质量；20世纪90年代初期，经过反复实验研究，最终采用清蒸的方式，解决了以上问题，同时逐渐建立了明细的谷壳验收标准，进一步保障了基酒质量。

在制酒工法体系逐步构建完善的同时，制酒配套设备设施的优化改造也逐步实现体系化、专业化。建厂初期，制酒生产原料靠人工磨、用水靠人工挑、下甑靠人工下、入窖也是靠工人用背篼背，总之各项操作都基本依靠人工作业，劳动强度非常大。随着产能规模的逐步扩增，科学技术的不断进步，设备设施自动化和专业化程度也逐渐提升。1955年起，随着茅台镇电力的开通，迎来了生产设备改进的一个活跃期，这一时期开始使用抽水机打水，工人不再需要到赤水河挑水，石磨也更换为了机器磨，工人和技术人员还陆续发明了推糟车、打糟机（图1–7）、木质车床等简易设备，工人劳动强度有效降低，质量稳定性实现了提升；20世纪60年代以后，随着技术的不断进步，设备设施的改进不再局限于减轻员工劳动强度，而是更加注重改善劳动环境、提升生产效率和产品质量。

图1–7　20世纪50年代茅台酒厂所使用的打糟机

比如设备改进方面，1965年起，开始着手蒸汽烤酒和酒甑的改造，以提高蒸馏效率和质量，茅台酒过去的蒸馏是用煤灶、木甑和天锅冷却烤酒（图1–8），损失大且费时费力，“两期试点”中通过反复实验论证得出液体水蒸气蒸馏的基酒化验结果和口味均优于液体直火蒸馏，能提取出更多香气成分，并避免产生焦糊味，且进一步的论证发现，采用蒸汽蒸馏烤酒，更为省时省力，损耗小，产量高。这一结论的得出，引发了一系列对蒸馏设备的技术改造，首先是去掉煤灶，改木甑为石甑，改天锅为锡制冷却器，并将酒甑由下大上小改为上大下小，以提高蒸馏效率；20世纪80年代后期，又将

图1-8 20世纪50年代茅台酒厂所使用的酒灶（左）和“天锅”人工搅拌（右）

酒甑改为不锈钢活动酒甑，将甑底蒸汽盘改为不锈钢五角形，并将气孔直径缩小，孔距缩短，使蒸汽分布更加均匀，改进了酒甑内热力结构，出酒率平均提高2%。

与此同时，茅台在机械化改进和研究方面也不断实现突破，最典型的代表就是行车的研究与引进。以前，茅台酒生产开窖、下甑是人工用木铲一铲铲下，出窖酒醅也要工人搭木梯下窖去一背篼一背篼背，一背篼酒醅重达60～70kg，工人劳动强度相当大。为解决该问题，1978年，首先在三车间使用手动式辘轳启动运送窖酒醅，劳动强度有所降低，后来又试用成功了“七二一”工人大学自主设计制造的第一台3吨桥式行车，辅助起入窖和下甑，极大减轻了工人的劳动强度；20世纪90年代初期开始又逐步在全厂改建安装天桥式行车，从此，出窖、下甑、入窖酒醅运送都用行车操作，工人彻底从背篼背糟、人工下甑、手推车运糟等繁重体力劳动中解放出来，将更多的精力投入生产操作，有效提升了操作质量。这一生产工具的变革，对茅台酒厂来说是历史性的进步。设备不断改进优化的同时，设施的改进也取得不断突破，比如生产重要设施窖池的研究方面，茅台历史上留下来的三种窖池，即泥巴窖、碎石窖和少数条石窖，哪个更好，一直争论不断。“两期试点”期间，专门对三种窖池的出酒率和质量进行分析研究，发现泥巴窖产窖香多，酒的风格发生变化；碎石窖易漏气，易垮塌，易受外界影响产质量；条石窖坚固耐用、规范，不易漏气，产质量稳定。后又经过多年生产的实践对比和反复论证，达成共识，决定淘汰泥巴窖和碎石窖；1986—1990年，逐步将全厂窖池由碎石窖统一改造为条石窖，并对每个窖的长度、宽度、深度以及窖条石的使用做了严格规定，形成了窖池的工装标准。在此期间，为了提高厂区土地利用率，茅台还开展了双层式生产房的改造研究，1973年，修建了双层式生产房，楼上是晾堂，用于烤酒、摊晾、堆积发酵，楼下是酒窖、小酒库和休息室，还安装了环式轨道用电动辘轳和铁桶起糟，生产能力300多吨，后因双层生产房不利于微生物网罗与繁殖等原因，又拆除改建为200吨一层式生产房，之后也一直坚守着一层式生产房的原则。当然，茅台酒设备设施的改进除了注重创新外，也十分注重对传统工艺设施的科学传承，比如“紫红泥”（图1–9）、“中华石”“三合土晾堂”等传统生产要素，经过“两期试点”和长期生产实践等的科学研究和反复论证，发现对茅台酒生产中独有微生物菌群的形成起到至关重要的作用，因此，纳入茅台酒传统生产工艺予以固化下来。至此，茅台酒制酒的装备体系也就基本形成。

图1–9　茅台酒生产所用紫红泥

三、贮存工法的专业化历程

茅台酒一直坚持采用陶坛长期贮存，这种贮存方式不容易规模化、自动化，人工程度高，管理难度大。20世纪70年代末，茅台酒基酒产量进入千吨时代，贮存量的增加对贮存管理、生产调度、批次稳定性等提出了更加专业化的需求，基酒贮存和勾兑业务从原来的制酒、包装车间脱离，作为单独板块管理。20世纪80年代，酒库车间正式独立出来，并设置了管库、勾兑和腾库班；2000年以后，工种又进一步细分，分为洗坛、收发、管库、盘勾等专业化班组。

管理体系逐渐完善的同时，贮存工法也逐步规范和完善。主要有三个关键节点，一是20世纪60年代中期，随着酱香、窖底、醇甜“三种典型体”的发现，逐步建立了产品分型入库制度，基酒实行分班入库、分型入库、分次排列、按时严守，同时实行入库对号，建立账卡标明类型，实现了基酒更为科学、细分的贮存，为茅台酒的勾兑奠定了坚实基础。二是盘勾工序的出现。随着基酒产量的不断扩大，为减小不同车间、班组、窖池所产单坛基酒间的差异，对同轮次、同香型、同级别的基酒采取合并同类项的方式，通常20坛合并为1桶，被形象地称为“盘勾”，这也为茅台酒的勾兑提供了更为优质、均衡的基酒。三是基酒贮存期的明确。由于茅台酒勾兑一直采用“连锅汤”的边勾边存方式，之前的基酒贮存时间没有明确的规定，不同贮存时间的基酒都会被用来勾兑。后来，经过长期的实验研究和反复的实践对比证明，新酒在贮存前半年会脱掉刺激性的新酒气味，经过三年以上的贮存，酒体就会更加醇厚丰满。因此，在三种典型体确定后，便明确要求茅台酒的基酒贮存时间至少要在三年以上，这更进一步提升了茅台酒品质。之后，又对各贮存环节进行不断的完善和改进，于2011年重新修订了《茅台酒贮存作业指导书》，对新酒入库、分型定质、贮存和盘勾过程等均做了更为明细的要求，也逐步构建形成了“选、分、盘、存”四字工法要诀和库房利用率等贮存过程评价体系，确保了贮存质量，基酒资源更加均衡、稳定。

与此同时，贮存过程的配套设备设施也在不断地走向标准化和专业化。建厂初期，生产出来的酒用人工抬酒坛或酒篓装载，酒的转运主要依靠牛车，当时的盛酒器皿系用细竹篦编制成坛子形的竹篓，内涂猪血、生石灰、桐油和皮纸，称为“卮子”，每个卮子容量50kg左右，卮子的优势是轻便，缺点是易渗漏，长期装酒有异味，较大型的装酒容器也是用竹篾编制（内涂卮子），称为“酒海”，用来勾调酒、转运酒使用，容量为2500kg。为减小损耗、防止异味带入，20世纪50年代中期，开始使用本地制的土陶坛存酒，容量在150～250kg。由于生产技术的落后，这种坛子底部小，稳定性差，口径小，倒酒不方便，壁薄，渗漏较大；1972年又改在江苏宜兴地区购置陶坛，这种坛底部和开口都比较大，放置起来稳当，倒酒也方便，容量在250～375kg，只是渗漏性稍大于本地坛。之后，为解决渗漏问题，又在广西购置了部分酒坛，这种坛子底部大，放置稳当，口径也大，容量为500kg，渗漏性稍小，但产能太小。因此，从1973年起全部改用江苏宜兴坛，渗漏问题仍存在，库房酒损率达5.59%；后来，又经过多方考察对比，20世纪70年代后期开始使用渗漏性更小的四川泸州和隆昌生产的大口陶坛，容量在300kg，90年代中期开始逐步改用500kg容量的陶坛（图1-10），一直沿用至今。

图1-10　茅台酒贮存所用的陶坛

20世纪70～80年代，针对陶坛损耗大的问题，国家轻工业部提出了大容器贮存的课题，开展大容器贮存与陶坛贮存对比实验。最终的研究表明，陶坛贮存对基酒的老熟起到不可替代的作用，因此直接打消了用不锈钢罐等大型容器贮存基酒的念头。在贮存工用具不断改进的同时，贮存库房也在改进，建厂初期的贮存库房，是两层瓦房小木楼，不防水，也不防火，20世纪80年代开始逐步改建成五层结构的楼房。同期，也开始采用不锈钢罐车转运基酒，打酒也开始用管子传输替代人舀的方式。至此，茅台酒贮存环节的装备体系也就基本形成。

四、勾兑工法的专业化历程

建厂初期，基酒的分型定级仅为笼统的正副品级，基酒勾兑没有标准体系，勾兑技艺也没有知识化、系统化总结，勾兑容器和设备也极为简陋，人为因素无法有效消除或减低，成品酒批次稳定性得不到有效保证。建厂以来，尤其是20世纪60年代中期三种典型体划分后，到20世纪80年代成立酒库车间、组建小勾班，并通过不断优化作业标准、提升人员专业技术水平、改进勾兑设备设施等措施，勾兑生产逐步走向了专业化，成品酒质量和批次稳定性得到了有效提升。

体制、机制不断优化完善的同时，勾兑技术体系也日臻完善，形成了独具茅台酒特色的勾兑工法。具体来看，主要分为四个阶段：

第一个阶段，勾兑主要靠经验。茅台酒最早（传统）的勾兑方法，是大酒坛的酒勾兑小酒坛的酒，酒龄长的酒勾兑酒龄短的酒，产什么酒就勾兑什么酒，勾兑还没有统一的工艺规范，全凭勾酒师的经验和感官，大概按对应比例将基酒装入150～200kg的坛子里进行勾兑，然后将余下的酒再配再勾。勾好后的酒会经评酒委员会品尝（图1-11），这也是茅台酒“连锅汤”勾兑模式的起源。但因为条件限制，主要是小容器勾兑，也未建立起规范的标准酒样，不同批次产品间质量稳定性较差。

图1-11　建厂初期茅台酒的勾兑品评

第二个阶段，逐步摸索出主要规律，勾兑实现质的提升。1963年起，由李兴发（图1-12）副厂长任组长成立探讨茅台酒贮存和勾兑规律的小组，在副厂长、老酒师郑义兴的指导下，与实验小组的其他员工一起，对库存酒进行彻底检查，延续时间一年多，经过数千次反复的品尝对比，最终发现了酱香、窖底、醇甜“三种典型体”。型定下来后，定得是否合理，还要进一步验证，一方面，从实践着手研究，看这样定了以后能不能按比例地将它们勾兑起来，具有茅台酒的固有风格，因此紧接着就将这三种典型体按各种不同的比例进行勾兑，前后进行了上百次的勾兑和品尝，最终确定

图1-12　李兴发品评茅台酒

出了一个较合理的勾兑比例。另一方面，从成分上加以研究，“两期试点”小组用纸上层析方法，从组成成分上，进一步肯定了它的合理性和科学性。三种典型体正式确定后，又进一步改进和提高了勾兑工艺，如实行基酒分型入库、建立轮次正品标准酒、制定出厂酒理化和实物标准等，勾兑才由之前的“靠经验”进步到以三种典型体为基础，按一定比例勾调，成品茅台酒质量得到了稳定提升。

第三个阶段，实行系统明细的划分，勾兑逐渐走向精细化、规范化。随着勾兑技术的持续改进，勾兑的要求和精细度不断提升，到20世纪90年代，开始对勾兑基酒的组成、数量、轮次分布等都有系统、明细的规定，即勾兑时根据不同的轮次、不同的酒龄、不同的酒精度等勾兑出基础酒，然后调香、调味，进行小样勾兑。小样勾兑酒样，与标准酒样对照品评，如质量达到标准，即按小样勾兑的比例进行大型勾兑，大型勾兑后的酒贮存。半年后，送厂评委检评，再进行理化检测，达到出厂酒的标准，即可包装出厂。

第四个阶段，持续探索“连锅汤”技艺，勾兑逐渐走向体系化、专业化。经过长期观察结合总结的勾兑规律，勾兑师傅一致认为陶坛贮存有利于基酒的老熟，而老酒在勾兑中有着不可替代的重要作用，于是决定使用陶坛长期贮存老酒以提升基酒品质。以年龄较老的基酒，组合年龄较轻的基酒，通过勾兑师精湛的技艺把老酒醇厚的口味和年龄相对较低的基酒丰满的香气融合，再通过一定时间贮存实现完美缔合。这些基酒一部分会直接用于勾兑茅台酒，一部分又会定期以“连锅汤勾兑”的模式留存下去，周而复始，不断涵养，逐渐形成了“以老带新、以酒养酒、边勾边存”的茅台酒“连锅汤”勾兑工法，淬炼出茅台酒的精华品质，形成传承赓续茅台酒岁月醇香的独特魂脉。与此同时，也逐步构建形成“选、配、勾、放”四字工法要诀和包含基酒利用率、勾兑合格率、产成品率等的勾兑质量评价体系，确保基酒资源科学合理使用，各种基酒风格特征融合充分，茅台酒风格稳定典型。

此外，勾兑配套设备设施也是从极其简陋逐步发展到自动化和专业化的过程。建厂以来，茅台酒勾兑都是由勾酒师一人完成，工用器具仅为坛、桶、瓶、碗、杯等简易工具，成品酒的批次品质差异相对较大。到20世纪60年代中期，为提升勾兑质量和稳定性，逐步采取3～5人为一组的小组勾兑模式，并将勾酒方式从过去的几百千克小酒坛勾兑改进为1.5吨左右的大型容器勾兑。随着技术的发展，20世纪90年代，实现了勾酒车勾兑的模式，一定程度上提升了勾兑质量和数量。但由于容量的限制、搅拌设备自动化程度低等原因，每批次的勾兑量也只能达到10吨左右。因此，批次的稳定性仍然远远不够，受限于技术的发展，一直都没有找到好的解决方法。直到2008年，随着3万吨勾调中心的建成运行，在白酒行业首次采用气动脉冲搅拌勾兑，才彻底结束了茅台酒大型勾兑用罐车勾兑的历史，勾兑的数量也实现了一个质的飞跃，每批次由10吨提升至120吨，批次稳定性实现了大的提升。随着技术的不断进步，2016年，4万吨勾调中心建成投用，采用自动化系统控制勾兑。在不断的尝试和改进过程中，勾兑生产的设备设施越来越先进、规范，逐步形成了茅台酒特有的勾兑工装标准体系，为茅台酒勾兑工法的传承和发展奠定了坚实基础。

1951年三家私人作坊公私合营至今，70余年的历程，茅台从当年年产70吨的作坊，发展到如今年产5.6万吨的现代化企业。70余年里，一代代茅台人，始终保持“精益求精、品质为先”的工匠精神，以追求极致的匠心，尊崇道法自然的准则，持续总结改进传承传统技艺，逐步固化形成包含19条核心要义和22条工法要诀的制曲、制酒、贮存、勾兑四大传统工法体系（图1-13），构建起“顺天敬人、天人共酿”的茅台生产模式，不断推动茅台酒工艺技术走向规范化、科学化和专业化，牢牢守住了茅台“根基”。

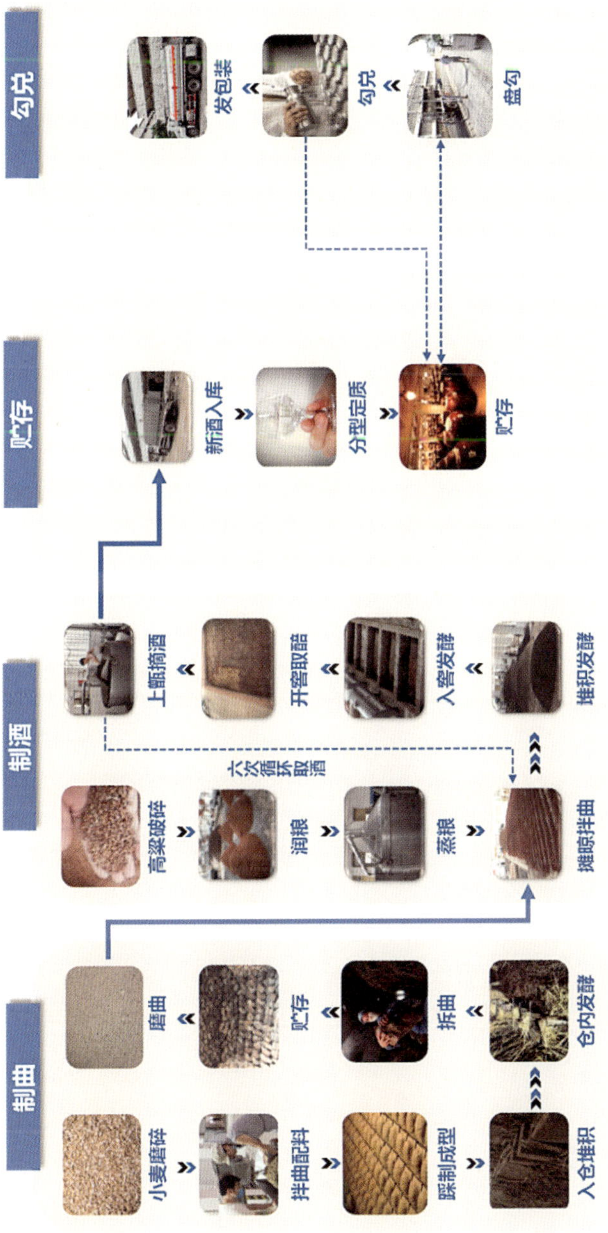

图1-13 茅台酒四大传统工法流程图

第二章

CHAPTER 2

茅台酒工艺是中华农耕文明的典型实践

茅台酒酿造工艺是中国白酒酿造工艺的活化石

1964年，二十五岁的我和爱人从江南水乡来到了位于云贵高原腹地的贵州省仁怀县茅台镇，回忆起当年的情景，从省会贵阳到茅台镇200多公里的路，坐车整整花了四天。回望过去的60年，我从一个滴酒不沾的青年来到茅台与酒结缘，青春逝去，渐生华发，如今已是耄耋之年，回望一路与茅台的相伴相守，倍感欣慰。

进厂之初，我与工人师傅一起劳动，从投料、背酒糟、上甑开始，一步步学习茅台酒酿造基本技艺，最辛苦的时候一天要烤十甑酒，这也意味着每天要从窖坑中搬运近20吨的酒糟，我也曾在背酒糟时摔落至3米深的窖坑里，腰部受伤，动弹不得，是师傅们心急火燎地用手推车把我送回宿舍，但我认为这都是经验积累的必经过程。经过多年的“看”和“想”，我一直在思索，茅台酒的科学依据到底在哪里？在充分理解了茅台酒的酿造工艺后，我对茅台酒酿造工艺进行了全面归纳总结，提出了茅台酒酿造工艺十大特点，而这十大特点都是基于中华农耕文明“天人合一”的哲学思想。

第一节 茅台酒的中华农耕文明智慧

回望中华几千年历史，酒几乎出现在中华民族历史文化的源头，并作为文化的一部分被记载，酿造技艺是酒的文化传统中最为内核的组成部分，它是先民根据本地特有的地理环境和自然资源创造发展起来的，并通过口传心授的方式世代传承。

茅台的源头，可以追溯到西汉，在司马迁所著《史记》中有此记载：西汉武帝建元六年（公元前135年），唐蒙出使南越，饮鳛部产“蒟酱酒”，觉其绝美而献汉武帝，获得汉武帝“甘美之”的赞叹。当年的“蒟酱酒”就出产在今茅台镇所在赤水河流域，与今日茅台酒有着特殊关联，延续两千多年至今的茅台酒酿造仍然保留了农业社会时代酿造智慧的精髓，例如“沙”字，起源于西汉，距今2000多年，指的是细小的石粒，也是象形字，所以把高粱称为“沙”。2006年，茅台酒传统工艺被列入首批国家级非物质文化遗产名录。中华人民共和国成立后茅台70年的发展，虽然生产规模不断扩大，工艺设备设施持续更新，但作为灵魂的生产工艺始终保留着农耕文明的特点，尊崇“天人合一”的酿造智慧，秉持顺应天时、承接地利、营造人和的酿造思想，顺四时之章序、淬匠人之初心。

一、中华农耕文明的内涵及实践[1、2]

（一）中华农耕文明的内涵

在漫长的中国古代农业文明中，农业长期领先于世界其他文明古国，之所以如此，一个非常重要的原因在于中华文明拥有整体观念，强调人与自然和谐相处，依靠自然规律来运行“天人合一”的农学思想。中国农学思想的核心是人与自然的相互协调，在这种协调关系中寻求人类的最大收获和最大发展。因为中国农学思想强调人与自然和谐，还孕育产生了中国哲学中的“天人之学”，构筑了中国人特殊的人生观和世界观。在中国人的世界观中，天、地、人是最基本的构成元素，凡事都要讲求天时、地利、人和，讲究“三才相宜”。

农业社会中农业生产与生活必须处理好天、地、人同人类种植活动之间的关系，缺少任何一个条件都会直接影响到农业生产的正常进行。这种突出整体的观点、联系的观点和动态的观点，在中国传统农业发展观中比比皆是。例如中国传统农业有很强的农时观念，出土的新石器时代的陶樽上就已经出现观日测天的绘画图形。《尚书·尧典》提出“食哉唯时”，把掌握农时当作解决民食的关键，“顺时”的要求被贯彻到农业生产的各方面。基于中国传统农业生产与生活发展起来的二十四节气和各类农令知识，都是将气象、物候、星象和农时结合在一起的知识体系。

（二）中华农耕文明的实践

大多数学者认为农耕活动起源于农业生物种质资源丰富、气候温暖湿润、四季分明，不仅适于古人类与古生物的生产，也适于农耕文明产生和发展的大江大河流域，并且由黄帝、炎帝等先民发起。作为国家之本，人们对农业生产的探索从未停止。农耕文明也在不断地向前发展：石器时代原始农业萌芽；青铜时代传统农业形成；铁农具与牛耕代表着传统农业的兴盛。春秋战国至秦汉时代社会生产力大发展、社会制度大变革的时期，农业进入了一个新的发展阶段。农具的发明及其与耕作技术的配套，奠定了我国传统农业的技术体系。

1. 不违农时

农业生产对于气候、温度、季节等自然条件的依赖很强，农时就是关于农业产品生长实践规律的认识和总结。《吕氏春秋》中说“春气至则草木产，秋气至则草木落”，从事农业生产活动，掌握农时至关重要，春耕、夏耘、秋收是最重要的农事季节。战国时期，人们对农时的认识有了飞跃式发展，取得了重要的进展，其中最为突出的就是二十四节气的提出，可以说是黄河流域气候变化和农事活动的时间表。秦汉时期，二十四节气说已日臻完善，之后2000年间基本没有改变，农事活动基本上都要参考节气等来进行。白酒的生产与农时息息相关，谷物成熟就是制曲酿酒的时令，春生、夏长、秋收、冬藏的时节智慧逐步融入了白酒酿造的技术体系中。

2．顺应地利

秦汉之前，随着中国传统农业快速发展，在黄河流域已经形成了一套“地宜”学说。先秦时代就认识到在一定的土壤气候条件下，有相应的植被和生物群落，大自然每种生物都有它所适宜的生存环境，即理解为“橘逾淮北而为枳”。《周礼·大司徒》中把土壤分为十二类，提出根据不同类型土壤如山林、川泽、丘陵等，从事不同的农事活动[3]。尤其是《尚书·禹贡》和《管子·地员》篇可谓是秦统一之前有关中国土壤论述的代表作品，前者将九州土壤分为十类，后者描述了土壤性状和适宜产物。在《淮南子》一书中，专门谈到了各地物产情况，认为东方宜于种麦，南方宜于种稻，西方宜于种黍，北方宜于种菽，中央宜于种禾。中国名优白酒的分布也呈现明显的“产区式”发展特色，特别是浓、清、酱香型，地域性很明显。酱香型代表主要在长江以南，比如茅台酒、郎酒、武陵酒；浓香型代表主要在长江和黄河之间，比如五粮液、泸州老窖、洋河等；清香型在黄河两岸，比如汾酒在黄河以北。

3．耕作技艺

“三才”理论从农业实践经验中孕育出来。在“三才”理论中，人既不是大自然的奴隶，也不是大自然的主宰，而是“赞天地之化育”的参与者和调控者。中国传统农业走的是一条精耕细作的发展道路，农业生产及田间管理知识与技术日益完善和成熟。战国时期李悝在魏国实行改革时，把“勤谨治田”放在重要位置，其目的就是要充分调动人的作用，加强生产和管理。《吕氏春秋》说“量力不足，不敢渠地而耕”，也是表明要通过适宜的耕作技艺来提高产量，而不要随意通过扩大耕地来增加产量。正是认识到了技艺的重要性，先后发明了甽种法、代田法、区田法等耕作方式[4]。在农耕文明发展的道路上，这一类通过探索耕作方式提高粮食产量的做法，始终没有止步。中国白酒的精髓在于“工法”，每个传统名优白酒背后都有自己独特的技艺体系，因此也产生了各种香型的白酒，共同创造了中国白酒“美美与共”的繁荣景象。

二、茅台酒工艺中的农耕文化典型特征

（一）季节性生产

茅台酒完全顺应自然季节变化规律和当地农作物的成熟收获进行季节性生产。“端午制曲，重阳下沙”，整个酿造过程顺应了春夏秋冬的自然交替节律，顺着茅台酒的酿造工艺一路看去，徐徐展现在人们眼前的是一幅农耕社会里，赤水河流域先民的生活劳作节气图。端午时节小麦成熟了，农民把富余的小麦用来制曲。这时已是夏季，气温高，多雨潮湿，空气中微生物菌群种类最多，最为活跃，对于制高温大曲极为有利[5]。重阳是高粱成熟的季节，赤水河的先民们用当地特殊的高粱来酿酒。重阳后气温下降，有利于酿酒，既避开了夏季赤水河洪水浑水期，又避开了夏季高温期。赤水河流域多高山峡谷，庄稼随着大山的走势种植，山上山下的高粱成熟存在时间差。因此，顺应高粱收获的时节形成了茅台“两次投料”的特殊工艺，山下的高粱成熟时，先投一次料，称为“下沙”；待山岗上的高粱成熟时，再投一次料，称为“造沙”，然后一轮次、二轮次……直至七轮次取酒，一年一个生产周期，历经四季变迁。

（二）因地制宜

茅台镇一带，属大娄山山脉地区，又是贵州高原与四川盆地交界的缓冲地带，这里的山川河流极具特色，日照、雨量、土壤、植被、气候等一系列地理环境，形成了特殊的自然条件，为长期保持微生物群落稳定和生态平衡提供了理想环境。位于长江上游的赤水河流域是中国自然环境保护最好的地区之一，使用粮食酿造的美酒是农耕文化的重要产物之一。茅台镇年均无霜期326d，特别宜于糯高粱的生长；而赤水河水质达到GB 3838—2002《地表水环境质量标准》Ⅱ类标准，水质酸碱度（pH7.2～7.8）和硬度（8.4～7.8°dH）适中，这些特殊的地理条件都为茅台酒的生产提供了优质的原料。

（三）工匠技艺

茅台酒之所以在风格上独树一帜，如此完美，是由于当地的人们根据当地的自然条件，包括水质、土壤、植物群、温度、湿度、风力、风向、降雨量等和酿酒的基本原理，经过反复实践，形成了一套顺应茅台酒的自然条件又有别其他名优白酒的生产工艺，可以说茅台酒工艺是顺应自然条件的产物，是茅台人智慧的结晶。制曲工法坚持“人工踩制、两次翻仓、四十天发酵、六个月存曲”的核心要义，围绕不同时节制曲微生物菌群培育要求，以“选、踩、发、拆、存”五字工法要诀，确保大曲黄白黑比例协调、糖化力适宜、复合香突出，制成曲香幽雅、品质优异的独具茅台酒特色的高温大曲。制酒工法坚持“一年一个生产周期、两次投料、九次蒸煮、八次发酵、七次取酒、高温堆积、高温馏酒”的核心要义，围绕产酒、产香微生物生长代谢要求，以“顺、润、蒸、晾、发、入、管、开、上”九字工法要诀，确保全年基酒产量合理，轮次产酒比例“两头低”“中间高”，结构协调，基酒轮次风格特征典型，为勾兑提供品质上乘、丰富多样的基酒资源[6]。

第二节
茅台酒“天人共酿”的价值观

马克思主义认为人类历史是一部人与自然关系的发展史。中国传统文化将天、地、人作为一个统一和谐的整体来考虑，既要发挥人的主观能动性，改造和利用自然，又要尊重客观规律进行生产活动，才能建立一种人与自然共存共荣、和谐发展的关系。

农耕文化曾经覆盖了中国社会的方方面面，是中华优秀传统文化的主干成分。中国是世界蒸馏酒的鼻祖，开创了蒸馏制酒纪元，品质形成离不开中华农耕文明的影响，谨遵天时，善用地利，同时也促进了茅台酒“天人合一、以人为本”生产经营理念的产生。正是由于茅台酒酿造善于利用生态环境、顺应时节变化、依托天赋纯粮、以匠人技艺为骨，才有了今日茅台酒酿造技艺与文化的传承与发扬，让茅台酒在无数的跌宕中历久弥香，焕发出勃然的生命力。

一、茅台酒传统工艺中的“天时”规律

中国传统农业有着很强的农时观念，先秦诸子多有“不违农时”的表述，“二十四节气”的发明正体现了前人对自然规律的重视与敬畏。“二十四节气”是农耕文明的产物，人们根据节气安排农事活动，是劳动人民长期经验的积累和智慧的结晶，它不仅是一套关于时令、气候、物候变化规律的知识体系，更是属于中国人的时间哲学、生命美学，其中蕴含着古人对自然、天地、岁月的敬畏。

茅台酒生产工艺充分尊重茅台河谷的气候规律，顺应农耕社会的农事生产活动而逐渐形成发展起来。从农作物的种植、收获，到粮食的蒸煮、摊晾，再到酒醅的发酵、蒸馏，乃至酒体的勾调、陈酿，人们始终根据地理、气候、光照、水源、微生物环境，围绕高粱、小麦等农作物进行一系列的加工。作为农作物深加工的产物，茅台酒的生产与“二十四节气”有着密不可分的联系。而这些联系，又是茅台酒天人共酿、道法自然的佐证和基础。

（一）顺应时节规律造就了茅台酒基酒风格多样性

茅台酒成分复杂、风格独特，其根本在于勾兑使用的基酒具有丰富的多样性，而这丰富的多样性正是由不同时节规律下的酿造活动所致（图2-1、图2-2）。茅台酒的酿造分为七个轮次，每个轮次风格都有各自的典型特征，一轮次酒果香、酸香突出；二轮次酒粮

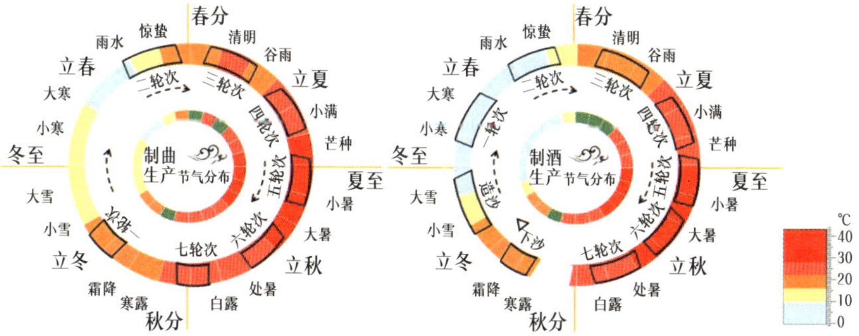

图2-1　制曲（左）、制酒（右）顺应天时作业模型

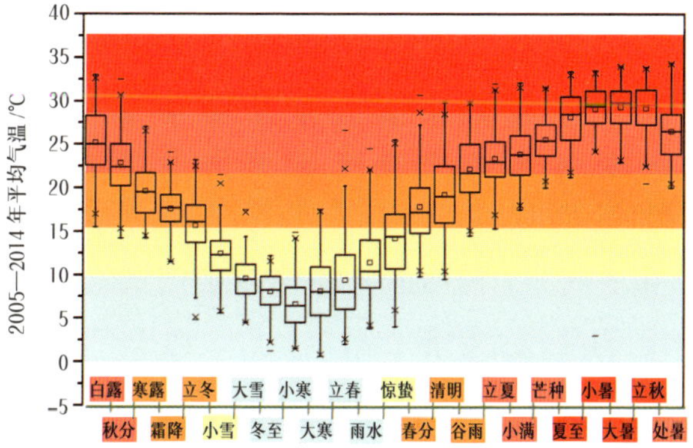

图2-2　茅台镇二十四节气对应的环境气温

香、果香幽雅；三轮次酒花香、青草香凸显，香味协调；四轮次酒酒体包容、中庸平衡；五轮次酒坚果香、曲香典型，酒体醇厚；六轮次酒焙烤香渐显，后味曲香悠长；七轮次酒焙烤香突显，余味见长。通过长期的勾兑实践摸索，总结出三、四、五轮次基酒是勾兑的主体，其他轮次基酒可以丰富和平衡茅台酒风格的规律。这也对轮次产量比例提出了要求，即“中间高，两头低”的产酒比例，只有七个轮次间协同配合，才能最终形成茅台酒的典型风格。

轮次产酒比例协调和丰富的基酒多样性是茅台酒勾兑的基础，为满足这一要求，茅台人在充分认识“二十四节气”时节规律的基础上，总结出了按照“二十四节气”组织制曲、制酒酿造生产的核心工艺体系，利用不同时节酿制出不同典型特征大曲用于不同时节的制酒生产，利用时间和空间带来的微生物多样性造就基酒多样性，还巧妙地利用时节配合高粱的糊化，调动不同数量、种类微生物的积极性，形成科学合理的轮次酒产酒比例，并赋予基酒不同的典型风格。

（二）制酒生产的时节规律

茅台酒制酒生产经历九次蒸煮、八次发酵、七次取酒，历经一年方成，充分结合了时节规律，通过每轮次不同的蒸煮程度，达到以环境温度、酒醅营养来调整轮次产酒比例的目的。每年的寒露时节，茅台河谷气温由初秋的高温下降至20℃左右，一个月后的立冬时节，气温进一步降低至15℃。在这两个时节分两次投料，红缨子高粱被破碎成“沙”（整粒与碎粒高粱混合），此时高粱中主要以淀粉为主，加之气温相对较低，酿酒微生物繁育不旺盛，恰好能够实现造沙（所产的酒需回窖）、一轮次酒产量低的目标。同时由于投料之初，酒醅较为松散，溶氧较好，适于产酸香、果香微生物生长，乳酸片球菌、库氏毕赤酵母为该阶段的特征微生物（图2-3、图2-4）。因而一轮次酒产量虽少，但果香丰富、酸香突出，也形成了茅台酒“先产酸再产酒”的独特发酵过程，不同于其他香型“先产酒再产酸”的规律[7]。至一年中最为寒冷的小寒时节（温度通常为5℃左右），不利于微生物生长代谢，但此时经过三轮蒸煮的酒醅中营养却较前期轮次丰富，在工匠们的精心操作下，堆积发酵得以顺利进行，二轮次酒产量较一轮次酒有所提升，风味也更为丰富。立春之后，春回大地，直至小暑时节前，这一段时间是茅台河谷最为怡人的季节，气温、湿度适宜，酒醅中营养也刚刚适宜，产酒、产香微生物繁殖代谢旺盛，形成了以酿酒酵母（图2-5）、拜耳接合酵母为该阶段的特征微生物，这也是茅台大回酒生产的最好时节。三、四、五轮次基酒的总和称为“大回酒”，这是茅台酒勾兑的“基石”，而这三轮次在呈香呈味上又各有其特色[8]。小暑之后，茅台河谷进入了最热的时节，此时酒醅中营养留存已较少，但是经过前面七个轮次的发酵，已积累了大量的香味物质，酷

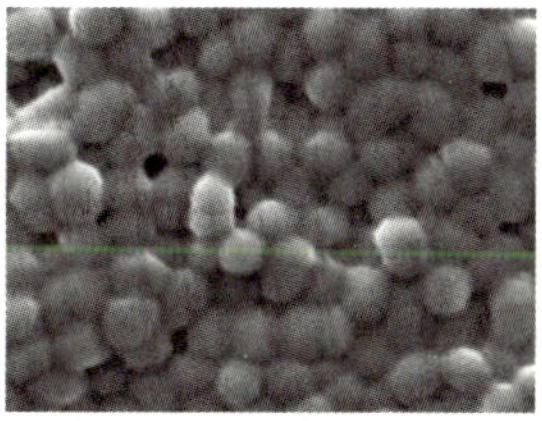

图2-3 乳酸片球菌

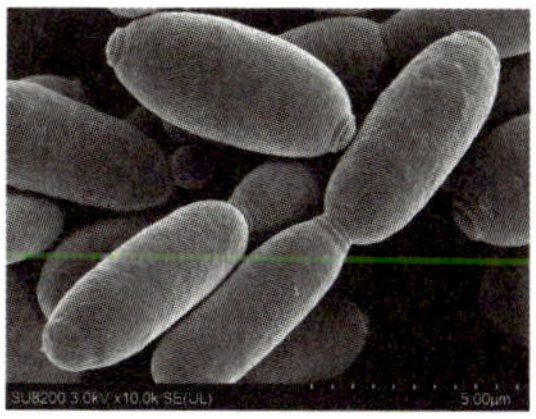

图2-4 库氏毕赤酵母

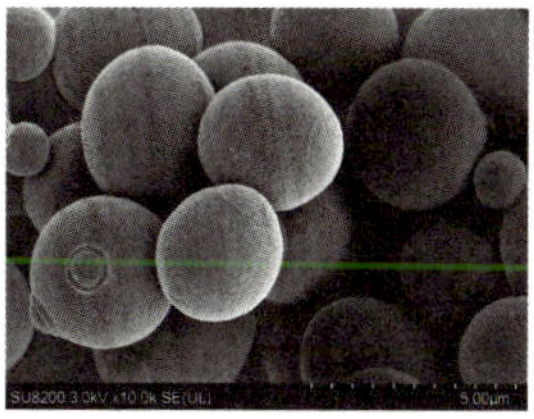

图2-5 酿酒酵母

热下的酿酒操作实属不易，经过精心操作获取的六、七轮次酒产量虽低但曲香浓郁，焙烤香突出，口味绵长，以假丝酵母为特征性微生物，是茅台酒勾兑中不可或缺的组成部分。

（三）制曲生产的时节规律

茅台酒的制曲生产主要在春、夏、秋三季，不同节气具有不同的气温、湿度等环境条件，这也促进了不同时节生产出来的大曲具有不同的微生物及酶系用于制酒生产。同时，由于茅台酒有约六个月存曲的传统工艺，因此，夏季制曲主要用于冬季制酒，秋季制曲主要用于夏季制酒，使得制曲和制酒生产形成互补，达到平衡。每年的立夏节气，日平均气温超过20℃、雨量充沛、空气湿度大，制曲进入四、五轮次生产。空气中微生物的种类和数量相对较多，为大曲发酵创造了有利的自然条件，仓内发酵温度高、持续时间长，适宜耐高温微生物的生长繁殖，强力淘汰了不耐高温的微生物。大曲的特征性微生物为拟青霉菌（图2-6）、枯草芽孢杆菌（图2-7），供应至制酒的造沙轮次，促进制酒的堆积发酵，此时制酒发酵环境温度为一年中较低的阶段，不适宜产酒微生物的生长繁殖，产量少。秋分时节，进入一年中制曲较寒冷的七轮次生产阶段，特征微生物是地衣芽孢杆菌（图2-8），其是产酱香风味物质的功能菌，供应至制酒的中间轮次，促进“大回酒”的生产。立春以后，万物复苏，气温开始逐渐升高，正是制曲二、三轮次生产的关键时期，特征微生物为解淀粉芽孢杆菌，供应至制酒的五、六轮次，利于后期淀粉的分解，适宜后期制酒轮次的生产。

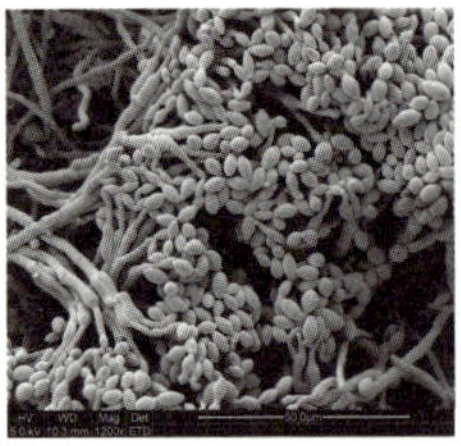

图2-6　拟青霉菌

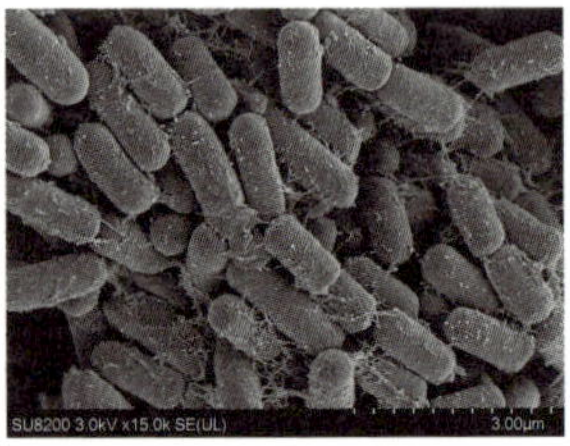

图2-7　枯草芽孢杆菌

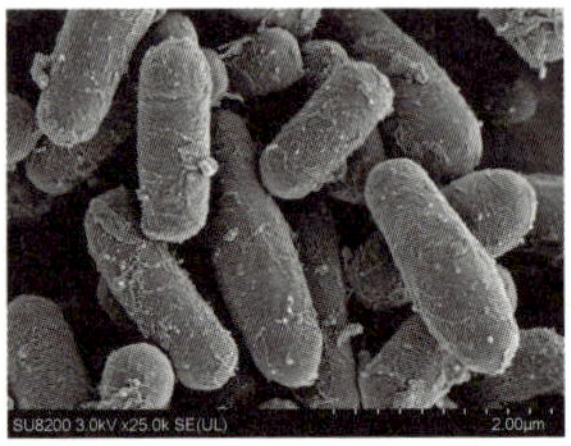

图2-8　地衣芽孢杆菌

二、茅台酒传统工艺中的“天人共酿”

有人说，中国农业是典型的“靠山吃山”“靠水吃水”，这其实是中华农耕文明“取宜”思想的重要体现。自然环境作为农耕文明的载体，养育着人与地球上的其他生物，既能为人类提供食物来源，又是生态平衡的保证。我们常说一方水土养一方人，一方河流产一方好酒，好酒背后一定有适宜的自然生态环境要素，茅台酒是天然发酵的产品，其中“多样的酿造微生态”“独特的酿造原料”“特殊的酿造器具”就是茅台人善用地利的核心组成部分。

（一）充分理解和掌握“红缨子”高粱的特点[9、10]

赤水河流域栽培高粱历史悠久，有关史料记载该地种植高粱有1000多年的历史，其原因在于仁怀特殊的地理环境，赤水河谷地带气候炎热，年平均温度高达18℃左右，降雨量少、夏旱频繁。由于具有特殊的紫红色土壤，而高粱是耐高温、耐瘠薄的农作物，赤水河谷的地理条件正适合其生长。茅台酒酿造用高粱品种为“红缨子”，其特殊的性质决定了它适合茅台酒多轮次蒸煮和发酵的工艺。而且通过关联酿造实验，发现“红缨子”高粱代谢生成的花香、坚果香、烟熏香等风味物质含量均高于其他高粱品种，这些风味也正是茅台酒中重要的风味。

1．“红缨子”高粱表观性状

（1）粒小　千粒重是表征高粱原料籽粒大小的重要指标之一，

茅台酒酿造用“红缨子”高粱平均千粒重不足20g，其他品种高粱的千粒重集中在22g，有些甚至可以达到30g（图2-9）。“红缨子”高粱千粒重低于大部分高粱品种，粒小的特征赋予了固态发酵过程较大的微生物接种及酶促反应面积。

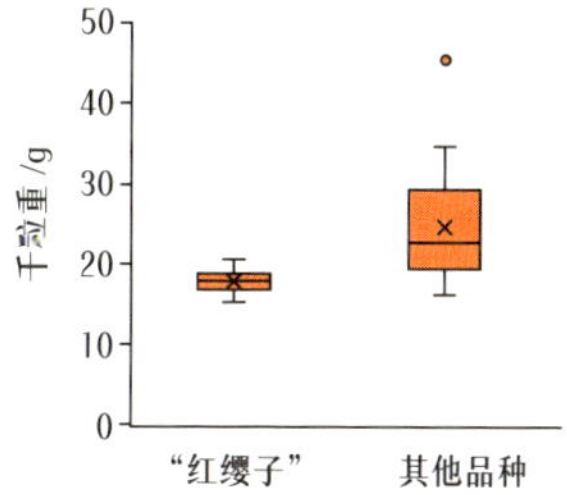

图2-9 “红缨子”及其他高粱品种千粒重

（2）皮厚 研究报道大部分高粱品种的种皮厚度分布都不均匀，一般靠近胚侧种皮较厚，靠近种柄一侧种皮较薄，但“红缨子”高粱籽粒种皮厚度分布较为均匀，同时“红缨子”籽粒种皮平均厚度13.45μm，其他高粱品种的籽粒种皮厚度分布在8～17μm（图2-10），这也为后期多轮次蒸煮提供了有利条件。

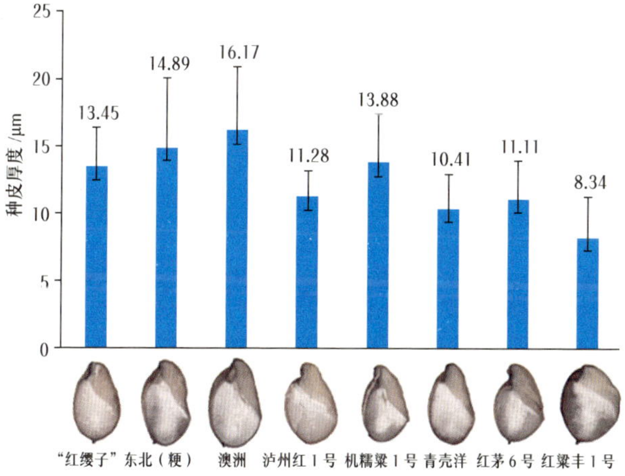

图2-10 “红缨子”及其他高粱品种种皮厚度

（3）色红 “红缨子”高粱具有较红的籽粒颜色，芹菜定和木樨草定是色红的主要贡献物质，其含量可达3.2mg/100g，是其他高粱品种的2～3倍之多（图2-11）。适宜的天然色素浓度可以抑制杂菌的生长，也能抑制淀粉酶的活性，促进高粱的多轮次发酵。同时花青素经过多轮次蒸煮代谢发酵生成的物质可以进入酒体，丰富酒体风味。

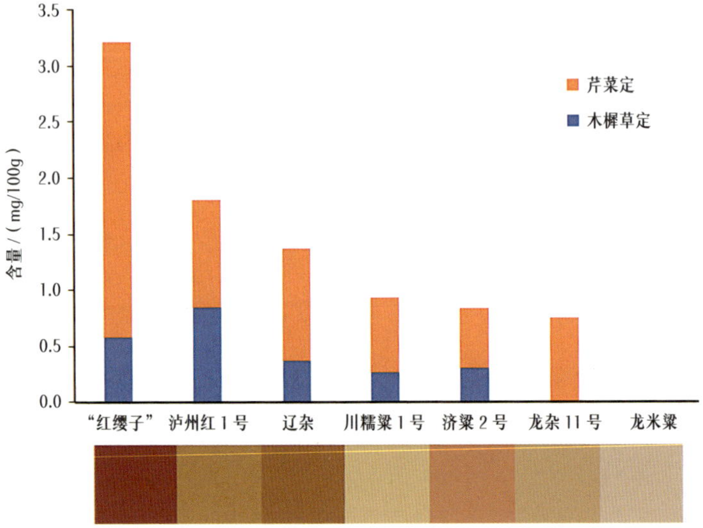

图2-11 “红缨子”及其他高粱品种色红物质含量

2．“红缨子”高粱成分特点

（1）淀粉含量高 “红缨子”高粱的淀粉含量在80%左右，其他品种高粱的淀粉含量大多集中在77%左右（图2-12），较高的淀粉含量为酿酒过程提供了充足的碳源，有利于多轮次的酿酒生产。

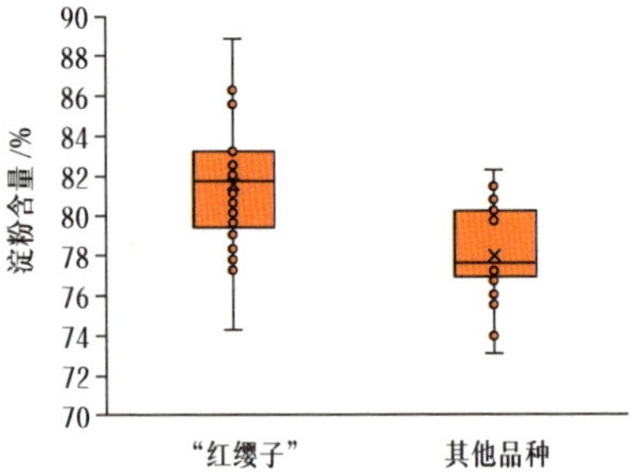

图2-12 “红缨子”及其他高粱品种淀粉含量

（2）酚类物质含量高 酚类物质对白酒风味品质具有显著影响，如香草醛、4-甲基愈创木酚和4-乙基愈创木酚等，可以赋予白酒独特的烟熏风味、酱油味、烟味、焦酱味、奶香味等。高粱籽粒中的酚类物质较丰富，主要以原花色素为主，且原花色素类物质主要以游离态形式存在。“红缨子”高粱的游离态总原花色素含量表现出高于其他高粱品种的特性，总原花色素为1200mg/100g氯化矢车菊素当量以上（图2-13）。

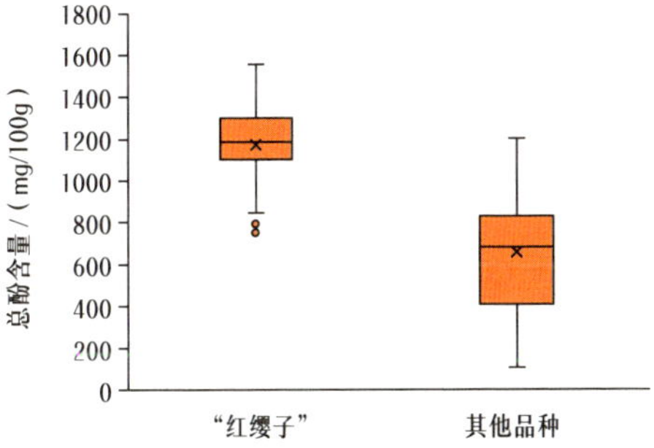

图2-13 “红缨子”及其他高粱品种总酚含量

（3）油脂含量相对高 “红缨子”高粱具有油脂含量高的特点，含量可达4.1%（图2-14）。高粱中的油脂是酒体中高级脂肪酸及其酯类的重要来源及前体，而高级脂肪酸酯是茅台酒空杯香的主要组成成分。

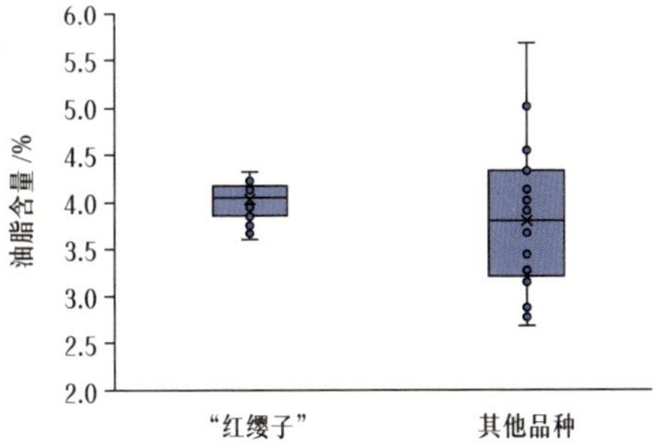

图2-14 “红缨子”及其他高粱品种油脂含量

（二）因地制宜掌握和保护优良的自然环境

茅台酒产区“三山环绕，一水中流”的盆地构造，使得茅台镇终年云雾不散，孕育了一个独有的封闭小气候环境。茅台酒核心产区全年平均温度18℃，冬无严寒（不下0℃），昼夜温差小，年均风速不超过1.8m/s（二级），一年四季均以南风、东南风为主导风向。空气质量优良率达到90%以上，污染物处于较低水平，为酿造微生物提供了优质的生长、栖息、繁殖条件。十年来，已在茅台酒酿造微生态体系中发现存在1900多种微生物，对茅台酒酿造产区、赤水河流域其他产区微生物的研究发现，每个产区都有其独特的微生物组成。微生物个体也有其独特性，例如对茅台酒酿造过程、周边环境以及包括茅台镇其他酒厂来源的120余株酿酒酵母进行全基因组测序分析，发现茅台酒酿造环境和过程来源的酿酒酵母表现出明显的特异性（图2-15）。

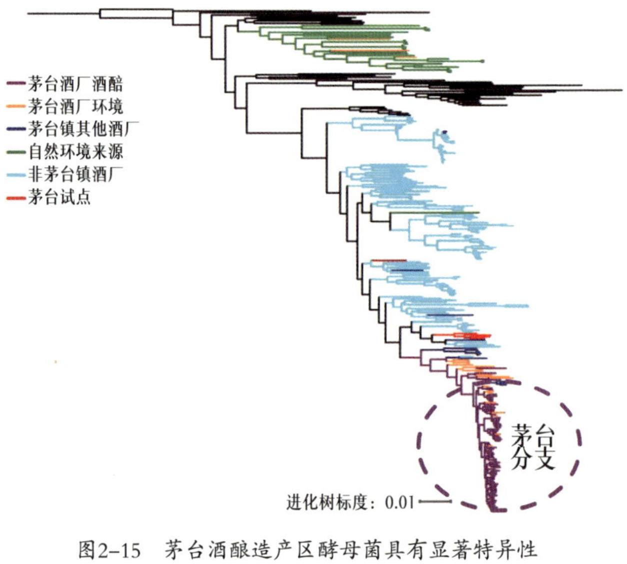

图2-15　茅台酒酿造产区酵母菌具有显著特异性

茅台厂房依山而建，分布广，海拔落差最大可达200m，温度、湿度、通风条件等外在环境均存在一定的差异，这就需要工匠们充分利用自己的技艺，调动、平衡微生物的积极性以适应不同地理条件。例如在靠山一面空气流通相对较弱的制曲厂房，就需要工匠结合自身经验适当延长曲块的摊晾时间保障高温发酵；在海拔较高的制酒厂房则需要合理加快晾堂操作的速度以保障堆积起始温度适宜微生物的生长繁殖；在新投产的生产房，则需要从老生产房转运含有丰富微生物的老曲草及保窖糟去营造适宜酿造的微生物生态环境。这些不同空间因地制宜的操作还赋予了不同生态位制曲及制酒特殊的微生物结构和酶系特征，在保持典型风格的基础上，缔造出了丰富的基酒多样性。

（三）因时制宜充分调动酿造微生物的积极性

酿造微生物是茅台酿造的关键核心，因而，茅台酒制酒工艺始终遵循时节自然规律，尊重并维护酿造微生物生长代谢条件，坚持传承与创新并举，坚守传统工法要义，为传统工法注入了永续发展的生命活力。茅台人在充分领悟了按照“二十四节气”组织生产的奥义后，在长期的实践中更进一步提出要因时制宜充分调动微生物的积极性。例如在气温、湿度较低及微生物不活跃的冬季，制曲工匠会适当地延长仓内高温发酵时长，为耐热微生物创造适宜的生长繁殖条件，促进嗜热微生物成为大曲中的优势菌群，制酒工匠则会充分考虑酒醅摊晾面积、摊晾时间、摊晾厚度的平衡，既要保障充分的微生物接种量，又要保障适宜微生物生长繁殖的起始温度，这些顺时而动的工艺操作背后是茅台人与四时合序的酿造智慧。

（四）传统器具的制作也是酿造美酒的重要组成部分

古人语“工欲善其事，必先利其器”，说明中国人很早就认识到了“器”的重要性。茅台酒的酿造也离不开器具，其中十分具有传统特色的有制曲厂房的小青瓦，制酒厂房的三合土晾堂，茅台酒生产所需的封窖泥及窖底泥等，均使用当地特色的生态资源，也体现了茅台人就地取宜的思想。茅台制曲厂房用小青瓦由本地的黏土烧制而成，具有黏土厚重的天然本色，质地细腻，质朴自然（图2-16）。小青瓦结构可以调控大曲发酵过程中的湿度和O_2，从而形成排湿、散热和保温之间的平衡，更有利于形成持续高温的制曲环境。通过监测，茅台发酵仓内60℃以上的高温区曲块占比可达60%以上，且高温持续时间维持在3d及以上，为促进茅台酒高温大曲形成以耐热、嗜热、低水分活度为重要特征的微生物菌群创造了有利条件（图2–17）。

图2–16　制曲车间小青瓦屋顶

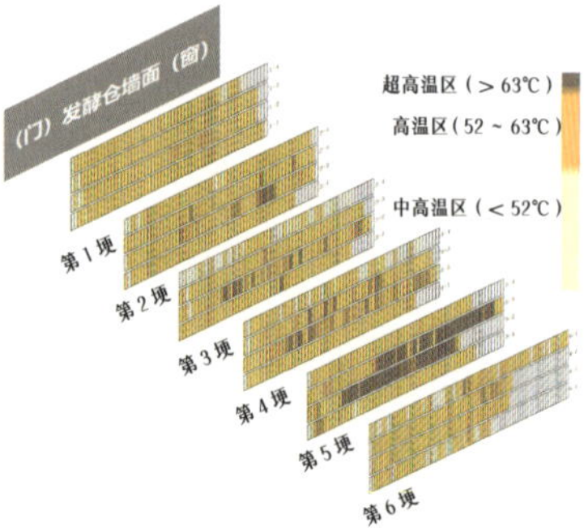

图2–17　曲仓核心生物热高度聚集

茅台曾经实验利用琉璃瓦等作为屋顶材料，但保温、排湿等效果均不理想。茅台制酒晾堂使用当地特有的紫红泥制作而成的三合土，具有保湿、吸水（吸水率19.7%）、透气（具有连续介孔、微孔及大孔结构）等作用，内部介孔、微孔体系及适宜的孔尺度使晾堂具有较大表面积，可以增大微生物的接种面积。研究发现，制酒晾堂上微生物丰富，真菌组成以产酒酵母为主。进一步溯源（图2–18）发现堆积发酵过程中重要的功能菌毕赤酵母和酿酒酵母等产酒酵母主要都来源于晾堂，对茅台酒的酿造具有重要作用，进一步佐证了三合土特殊的物理特征赋予了其作为微生物载体的优良性能。

随着对酿造微生物认知的加深，梭菌群落已被认为是窖泥微生物中一类十分重要的功能菌群，它不仅是浓香型白酒风味形成的重要功能菌群，而且也是窖泥微生物群落结构稳定性的关键枢纽，对白酒香味物质产生具有重要作用。茅台生产所用的封窖泥和窖底泥均采用了当地的紫红泥，这有利于形成特殊的微生物菌群。利用高通量测序技术，发现茅台窖底泥微生物丰富而具多样性，以瘤胃球菌科、梭菌科等严格厌氧的类群为主，而且随着轮次的推进，它们的丰度保持稳定，目前已从茅台窖底泥中分离并保藏525株梭菌[11]。

农学思想强调天地人之间的和谐，有机地利用自然，成就了

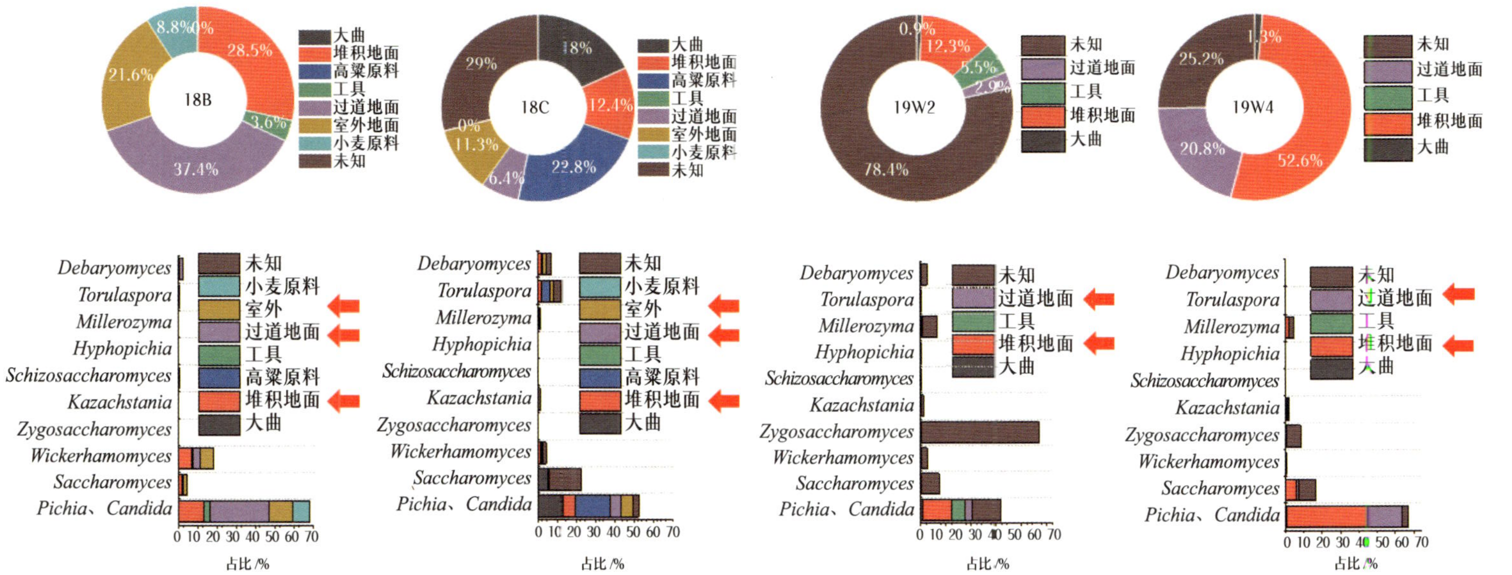

图2-18 堆积发酵过程酵母菌溯源

中华农业的长盛不衰。茅台栉风沐雨70年，深受农耕文明的影响，促进了茅台生产顺应天时、承接地利、营造人和思想的生成。同时“顺天敬人”的思想也延伸至茅台的生产经营之中，茅台始终推崇“敬于天地、忠于国家、孝于祖辈、礼于前人、义于百姓”的感恩文化，秉承“大品牌有大担当”。茅台积极践行绿色发展，推动赤水河流域生态保护，秉持重文兴教的家国情怀，积极承担社会责任，连续10年实施的“中国茅台·国之栋梁”希望工程圆梦行动公益助学项目，已成为希望工程历史上企业捐资最多、覆盖范围最大、受益对象最广、合作程度最深的公益项目，成为国有企业积极履行社会责任的标杆典范，为乡村师生撑起一片教育的新天空[12]。

参考文献

1. 贺耀敏. 中国古代农业文明［M］. 南京：江苏人民出版社、江苏凤凰美术出版社，2018.
2. 沈镇昭，隋斌. 中华农耕文化［M］. 北京：中国农业出版社，2012.
3. 陈明，马珂琦. 中国古代农学风土论的形成、演变与价值［J］. 古今农业，2022（4）：29-36.
4. 王大宾. 汉代中原诸郡农耕技术选择趋向［J］. 中国农史，2012，31（1）：22-30.
5. 蒋红军. 茅台酒制曲发酵过程中微生物演替及作用规律［J］. 酿酒科技，2004（3）：39-40.
6. 李志勇. 酱香型白酒的工艺技术研究［J］. 边疆经济与文化，2013（1）：178-179.
7. Zhang H，Wang L，Wang H，et al. Effects of initial temperature on microbial community succession rate and volatile flavors during Baijiu fermentation process［J］. Food Research International，2020，141：109887.
8. Zhao J，Yang Y, Chen L，et al. Quantitative metaproteomics reveals composition and metabolism characteristics of microbial communities in Chinese liquor fermentation starters［J］. Frontiers in Microbiology，2023，13：1-12.
9. 闫松显，袁河，雷元春，等. 酿酒高粱籽粒微观形态分析及其果皮厚度和单宁含量的相关性［J］. 中国酿造，2018，37（3）：67-71.
10. 倪德让，孔祥礼，孙崇德，等. 红缨子高粱淀粉分子结构及糊化特性研究［J］. 中国酿造，2019，38（12）：75-79.
11. 王莉，王亚玉，王和玉，等. 酱香型白酒窖底泥微生物组成分析［J］. 酿酒科技，2015（1）：12-15.
12. 樊瑛，张建忠. 10年公益助学 茅台成为国有企业的标杆典范［N］. 企业家日报，2021-10-22（4）.

第三章

CHAPTER 3

茅台酒酿造工艺基本原理

茅台酒酿造工艺是集大成者

初到茅台，我虽是学发酵专业的，但没有酿酒实践，对酿酒工艺流程和生产操作的认识大都还停留在书本上，学校教材里关于茅台酒的介绍特别简单。在生产车间劳动时，我开始深入研究茅台酒的酿造工艺，从投料、蒸煮、撒曲、堆积发酵，甚至上甑，我一个环节都没落下。我发现茅台的酿造工艺有许多神秘之处，例如几乎所有的重要工序都与高温有联系，高温制曲、高温堆积、高温发酵、高温蒸馏等，这与我此前在课本里学习的并不相同。我也曾给母校的副院长写信，指出教科书上关于茅台酒工艺的多处错误，得到的回复是：茅台酒工艺特殊，鲜为人知，是参考其他资料编写的。

于是，我开始潜心投入茅台酒工艺的研究与改良之中。1975年，我当上生产科的副科长，对茅台酒生产工艺才有了深入的认识。经过多年的学习和实践，我更加坚定地认为茅台酒工艺是中国传统固态发酵的典型代表，是中国白酒工艺的活化石，酿制出的茅台酒是世界上最好的蒸馏酒，是真正的美酒。

SECTION 1 第一节
蒸馏酒酿造的基本原理

早在远古时代，人们还无法解释酒的由来时，出现了许多关于造酒的传说。随着微生物学科的不断发展，酒形成的原理才逐渐被人们所认识。自然界中很多物质都可以在微生物分泌酶的作用下，分解成为可被酵母菌利用的糖类物质，在满足酵母菌生长代谢过程中所需碳源的同时，也为酒精的生成提供前体物质。

酒是一类用谷物、水果等含淀粉或糖的原料发酵制成，含有乙醇的饮料（乙醇含量≥0.5%vol），除乙醇外，酒还富含多种风味物质。按照生产工艺可将其分为“发酵酒，蒸馏酒和配制酒”。

发酵酒：是以粮谷、水果、乳类等为主要原料，经酵母菌发酵或部分发酵酿制而成的饮料酒。由于乙醇的积累会抑制发酵后期酵母菌的生长，因此发酵酒一般是低度酒。常见的发酵酒主要包括：葡萄酒、啤酒、黄酒等（图3–1）。

（1）葡萄酒　　（2）啤酒　　（3）黄酒

图3–1　常见的发酵酒

蒸馏酒：是以粮谷、薯类、水果等为原料，经发酵、蒸馏、勾兑而成的饮料酒。不同酒类的蒸馏工艺有所不同，其主要目的是提高酒精度、除去杂质和增加风味物质。世界六大蒸馏酒包括：中国白酒、白兰地、威士忌、朗姆酒、伏特加、金酒（图3–2）。

（1）中国白酒　　（2）白兰地　　（3）威士忌

图3–2　世界六大蒸馏名酒

蒸馏酒是以富含淀粉质或糖质的粮谷或水果作为生产原料，原料经破碎、蒸煮后，在微生物的作用下，通过不同的发酵方式，再经蒸馏、贮存、勾兑等步骤，最终形成各具特色的产品（图3–3）。

（4）朗姆酒　　（5）伏特加　　（6）金酒

图3–2　世界六大蒸馏酒（续）

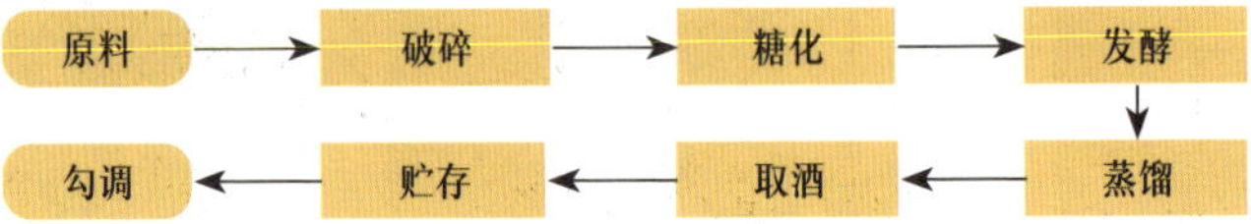

图3–3　蒸馏酒酿造工艺流程图

配制酒：是以发酵酒、蒸馏酒、食用酒精等为基础，加入可食用的原辅料和/或食品添加剂，经调配、加工制成的饮料酒。常见配制酒有：植物类配制酒和动物类配制酒。

一、原料分类及其糊化、糖化原理

根据原料特性，可将其分为糖质原料和淀粉质原料。其中，糖质原料以葡萄等水果为主，此类原料富含糖类成分，经压榨、破碎得到的汁液可直接用于发酵。由于淀粉不能直接被酵母利用、代谢生成酒精，以谷物原料为主的淀粉质原料在酿造过程中需要经过糊化、糖化后，将其中的淀粉质分解成可发酵性糖类物质，才可用于发酵[1]。

1. 糊化

淀粉混于水中经加热达一定温度后，淀粉颗粒发生溶胀、崩溃，形成黏稠均匀的透明糊状溶液，这一过程被称为“糊化”。淀粉糊化的本质是水分子进入淀粉分子的微晶束中，拆散淀粉分子间的缔合状态，使淀粉分子失去原有的取向排列（图3–4），而变为混乱状态，即淀粉粒中有序态（晶态）及无序态（非晶态）的分子间的氢键断开，分散在水中成为胶体溶液。胶体溶液受热后，淀粉粒开始被破坏，晶体结构逐渐消失，体积膨大，黏度上升，呈黏稠的糊状，成为非结晶性的淀粉。原料中的淀粉颗粒发生膨胀，晶体熔融，淀粉结晶区的水分流动性增加，直链淀粉成为柔顺性较好的无定型线形体，支链淀粉结构发生变化，失去结晶性质，物料的柔软性上升。经糊化后的淀粉易受酶的作用，易消化，为微生物的生长代谢提供营养物质。

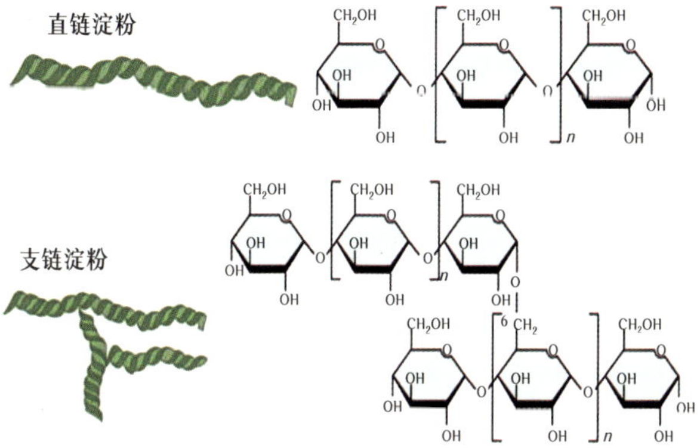

图3-4 直链、支链淀粉结构图

2. 糖化

原料需经过糖化的过程（图3-5），将淀粉质分解成可发酵性糖类物质，为后续发酵过程提供物质条件。在糖化酶作用下，原料中的淀粉质物质转化成可发酵性糖。国外蒸馏酒生产工艺采用先糖化、再发酵的单边发酵工艺，中国白酒特有的制曲技术，使得复式糖化发酵工艺在世界蒸馏酒生产工艺中独树一帜。我国传统酒曲兼有糖化和发酵的双重功能，其制造技术的发明大约在四五千年前，这是世界上最早利用酿酒微生物及其所产酶系的技术。时至今日，含有各种霉菌、酵母菌和细菌等微生物细胞及其酿酒酶系的小曲、大曲及各种散曲仍作为主要的糖化发酵剂，广泛应用于我国白酒和黄酒行业中。酒曲的发明，是我国劳动人民对世界的伟大贡献，被称为除四大发明以外的第五大发明。

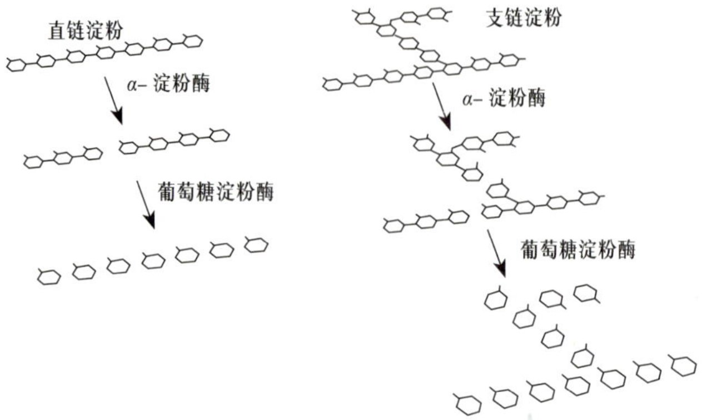

图3-5　不同类型淀粉的糖化过程

二、微生物分类及发酵原理

微生物是一切肉眼看不见或看不清楚微小生物的总称。常见发酵食品微生物有霉菌、细菌和酵母菌，根据其在发酵过程中的作用，可将其分为产酶微生物、产酒微生物以及产香微生物。白酒的酿造与微生物密切相关，酒体中的各种香气香味物质都是微生物代谢的产物。不同的地域、不同的酿造环境和生产工人的操作习惯都会对微生物的组成产生不同的影响，形成不同的酿酒微生态系统（图3-6）。

霉菌是丝状真菌的俗称，在潮湿温暖的地方，很多物品上长出肉眼可见的绒毛状、絮状或网状的菌落，即是霉菌，是常见的产酶微生物（图3-7）。霉菌在食品工业中的作用十分广泛，许多发酵食品都是在霉菌的参与下生产出来的。由霉菌产生的淀粉酶、纤维素酶，可以将原料中的淀粉和纤维素转换成为可发酵性糖，提高原料的利用率，为发酵过程提供“糖化动力”。霉菌产生的蛋白酶、脂肪酶还能将原料中的蛋白质、脂类以及其他种类的化合物进行转化，分解成微生物生长代谢所需的氨基酸等营养成分，同时在其他产香微生物共同作用的情况下还能生成醇、酯、酸等物质[2]。

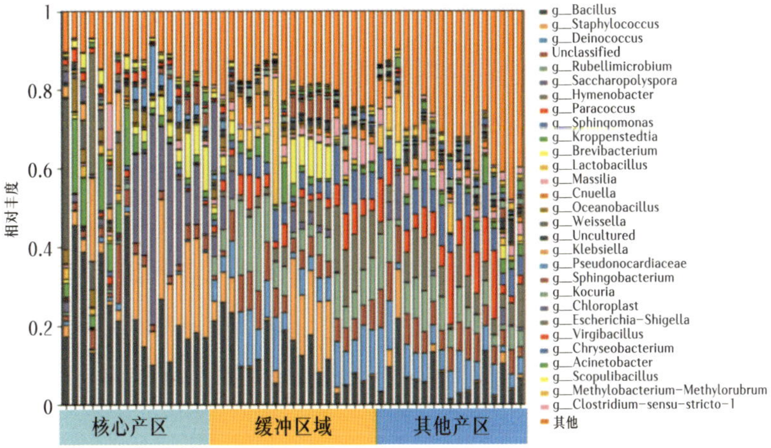

（1）酿造环境（空气）细菌结构组成

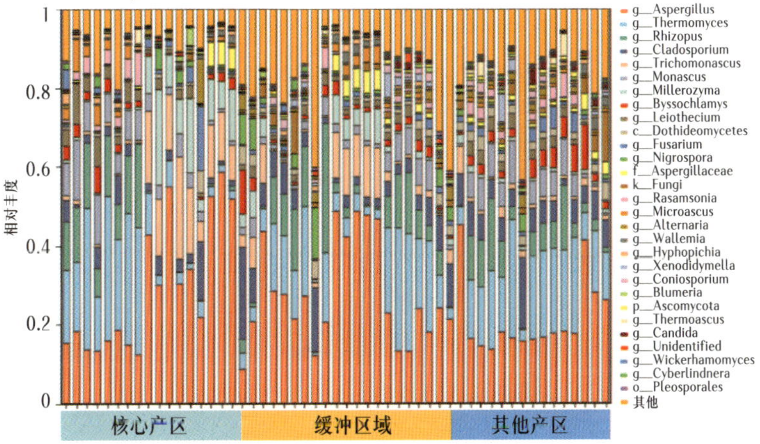

（2）酿造环境（空气）真菌结构组成

图3-6　不同产区酿造微生态

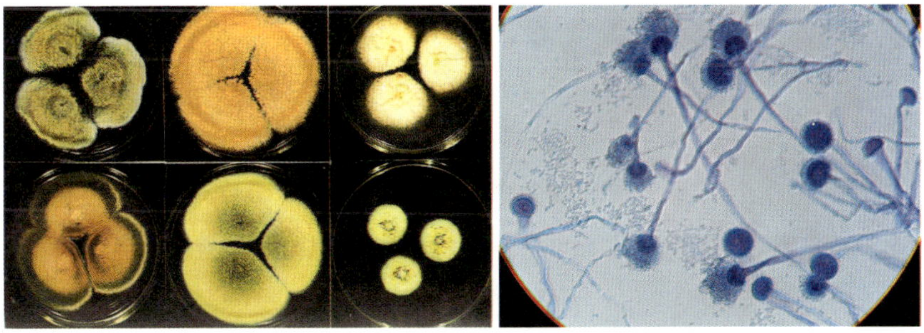

图3-7　霉菌形态及显微镜图

酵母菌是一种单细胞真菌，能将糖类发酵成酒精和CO_2，是典型的异养兼性厌氧微生物，是常见的产酒微生物。酵母菌个体形态有球状、卵圆、椭圆和柱状等，容易生长，广泛分布于空气、土壤和水中（图3-8）。酵母是兼性厌氧微生物，在有氧或无氧环境下都能生存，在缺乏O_2时，发酵型的酵母通过将糖类物质转化成为CO_2和乙醇来获取能量。酵母菌在发酵过程中有两个重要作用，即酒化和酯化。酿酒酵母能产生具有较强活力的酒化酶，该酶可以促使葡萄糖经EMP途径代谢转化为乙醇；产酯酵母和假丝酵母，则有较强的酯合成能力，酯类物质可赋予食品舒适的果香。酵母菌在产品发酵过程中能提供酯类和醇类物质，对产品的品质特点有着重要影响。

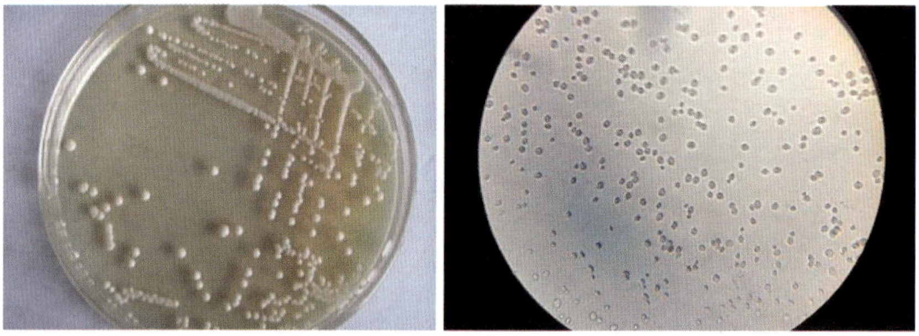

图3-8　酵母菌形态及显微镜图

细菌是一类个体非常小的微生物，大多细菌只能在显微镜下被观察到，细胞结构简单，缺乏细胞核、细胞骨架以及膜状胞器。细菌的形状相当多样，主要有球状、杆状以及螺旋状，并具有不同代谢方式。按细菌对O_2的需求来分类，可分为需氧（完全需氧和微需氧）和厌氧（不完全厌氧、有氧耐受和完全厌氧）细菌。常见的细菌有：丁酸菌、己酸菌、乙酸菌、乳酸菌和枯草芽孢杆菌（图3-9）等，大多数细菌除产酸以外，还能产生多种酶及代谢物质，如酚类、酯类、芳香族类化合物和吡嗪类等重要的风味物质。可见，细菌是生香的主力军，在风味物质形成与产品品质等方面起着重要作用。

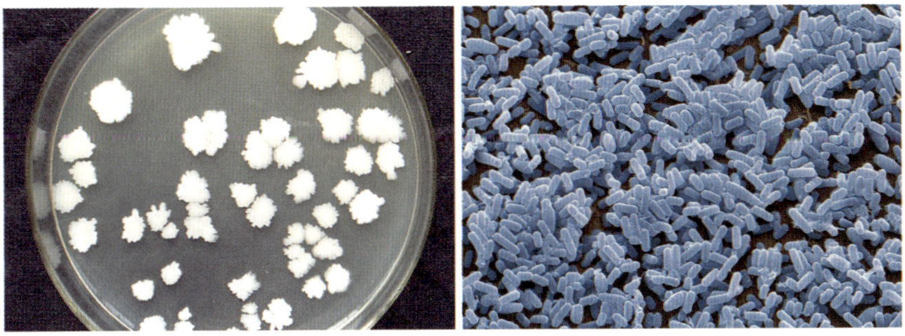

图3-9　枯草芽孢杆菌形态及电镜图

曲中的微生物种类多、数量大，带入制酒过程后，人们充分利用微生物在不同条件下生命活动的特点，让微生物在有氧条件下充分地增殖、扩培，为后续的无氧发酵过程提供足量的微生物。当微生物数量满足生产要求时，转入无氧环境，使微生物进行无氧发酵，产生并积累酒精及特征性风味物质。

二、蒸馏分类及原理

常见的蒸馏方式有液态蒸馏和固态蒸馏。液态蒸馏是将发酵液导入蒸馏釜中，加热蒸馏，收取馏分，通常威士忌、伏特加等采用此法。中国白酒通常采用固态蒸馏（甑桶蒸馏）方式，将发酵后的酒醅装入传统的甑桶中进行蒸馏，这一特殊的蒸馏方式，在世界蒸馏酒上是独一无二的，是我国古代劳动人民的创举。

发酵结束后，需对发酵醪或酒糟采取蒸馏操作，以提取、提纯发酵醪或酒糟中的乙醇和风味成分。蒸馏是一种热力学分离工艺，它利用混合液-液或液-固体系中各组分沸点不同，使低沸点组分蒸发，再冷凝，以达到体系中组分分离的目的，是蒸发和冷凝两种单元操作的联合。与其他的分离手段，如萃取、过滤、结晶等相比，它的优点在于不需使用系统组分以外的其他溶剂，从而不会引入新的物质（杂质）。蒸馏酒工艺是根据乙醇的物理性质，采取特制的蒸馏器将酒醪或酒醅加热，乙醇的气化点是78.3℃，达到并保持这个温度就可以获得气化乙醇[3]。气化乙醇进入管道冷却后，便得到乙醇溶液。在蒸馏过程中，酒醪或酒醅中的其他风味物质也会随乙醇一起被蒸馏至产品中，形成风味不同的酒液。

四、贮存中影响陈酿老熟效果的因素及原理

贮存陈酿是蒸馏酒生产工艺中的一道重要工序，《白酒工业术语》中将其定义为："在贮酒容器中贮存一定时间，使酒体协调、口感柔和的生产工艺"。陈酿过程中，酒体成分的变化大体可分为物理变化和化学变化两个方面。物理变化主要有挥发作用和氢键的缔合作用。挥发作用可以使一些低沸点不溶性的气体或液体（例如硫化物、醛类物质等）自然挥发或减少从而可以减轻或消除白酒的邪杂味，使酒体变得柔和绵甜。氢键的缔合作用可以形成一个较为稳定的缔合体，使酒体口感醇和、香气舒适。化学变化有氧化、还原、酯化、缩合等反应，有的成分消失或减少，有的成分新产生，可使酒体中的醇、醛、酸、酯达到新的平衡，使酒体口感柔和、绵软和香气浓郁。不同的贮酒容器、贮存时长、贮存环境以及基酒品质对白酒陈酿老熟效果存在影响。

1. 贮酒容器

根据贮酒容器的不同，可将其分为：木制容器（橡木桶）、陶制容器（陶坛）、金属容器（不锈钢罐）和复合型容器（酒海）（图3–10）。贮酒容器除了向陈酿过程提供"场所"以外，还因其特殊的材质与结构，影响着酒体陈酿的效果。橡木桶中溶解的物质，会参与酒体在贮存过程中的各类反应，同时橡木桶的颜色也逐渐渗入酒中，使原本无色的酒液变为晶莹的琥珀色；陶坛在烧制过程中形成的微孔网状结构，使其具有透气性好，利于外界的氧气缓慢地进入酒中，促进酯化和其他氧化还原反应，同时低沸点、小分子的挥发性物质也可通过微孔结构缓慢扩散出去。陶土本身含有的多种金属氧化物，能在储酒过程中微量溶于酒中，与酒体中的香味成分发生络合

(1) 橡木桶

(2) 陶坛

(3) 不锈钢罐

(4) 酒海

图3-10 常见的贮酒容器

反应，对酒的陈酿老熟有促进作用；不锈钢材质由于其具有稳定性极好、不易氧化、耐腐蚀等特点，且不锈钢容器具有容量大、酒损较小的优点。当前许多厂家选择使用不锈钢容器来贮存白酒；采用竹木编制而成的酒海，内壁以血料、石灰等作为黏合剂，糊以麻苟纸和白棉布，再用蛋清、蜂蜡、熟菜籽油等涂擦、晾干而成。贮存在酒海中的白酒除了发生氧化还原、分子缔合、酯化等反应以外，酒海特殊材质中的独特香味成分对酒的风格也会起到一定的助香作用。

2．贮存时长

酒在贮存过程发生的物理变化大约在半年就可达到平衡了，而化学变化会延续较长时间。因为酒中存在大量的醇类物质会与有机酸发生酯化反应，在贮存过程占据重要地位，产生的各类酯类物质都具有其独特的香味，酒中酯化反应等化学反应的速度都相当缓慢，这也就出现了随着陈酿时间的增长，酒体的风格越柔顺，香气也越细腻的现象。然而这并不意味着，酒存放的时间越长越好，当各类化学反应趋于平衡后，酒体中各类成分含量也趋于稳定，再延长贮存时间，酒体变化速度也会变慢。可见酒体本身拥有从未熟到成熟再到稳定的过程。应根据不同酒体类型及其品质等特点，确定其贮存周期。

3. 贮存环境

温度对白酒酸类、酯类、固形物、电导率、黏度以及色谱成分均有影响。高温会促进酸类物质增加、酯类物质水解、酒体黏度下降、电导率上升。温度升高会加快酒体老熟反应的速度，但也会因加速酒精挥发，提高酒损。同时，环境相对湿度将影响酒体中酒精与水的相对蒸发速率，从而影响贮存品质。因此，需控制贮存环境条件处于合理区间，以达到促进酒体老熟的目的。

4. 基酒品质

基酒品质是影响贮存过程酒体品质的关键因素。好的基酒要具有典型、平衡、协调的风格，不能带有缺陷，酒体的平衡性要好，随着贮存时间的延长，老味突出的同时，其他风味也能够相得益彰、综合协调，保持原有酒体的典型风格。

五、勾兑分类及原理

勾兑，也称勾调，现在也称酒体设计。勾兑是把具有不同香气、口味、风格的白酒，按不同比例进行调配，使之符合一定标准，保持白酒特定风格的生产工艺。

勾兑技艺的相关内容将在第五章进行详述。

第二节 茅台酒酿造的基本原理

贵州茅台酒是以优质高粱、小麦、水为原料，在贵州茅台酒地理标志保护范围内酿造生产，采用高温制曲、高温堆积、高温馏酒、长期贮存、精心勾兑等传统工法酿制而成的酱香型白酒。生产工艺包含30道工序、165个工艺环节，是传统固态发酵的典型代表，是中国白酒酿造技艺的“活化石”。

一、茅台酒酿造特点及原理

高温制曲、多轮次制酒、长期贮存和精心勾兑是茅台酒酿造过程最典型的特点，对茅台酒品质有着重要的作用。

（一）高温制曲及原理

茅台酒酿造用的高温大曲是以优质小麦为原料，经适当磨碎，加母曲、水后制成曲坯，进入曲房中培养应不少于40d，其间经历两次翻仓，第一次翻仓最高品温不小于60℃，所以称作高温制曲（图3-11）。哪些因素造就了制曲生产过程的高温呢？

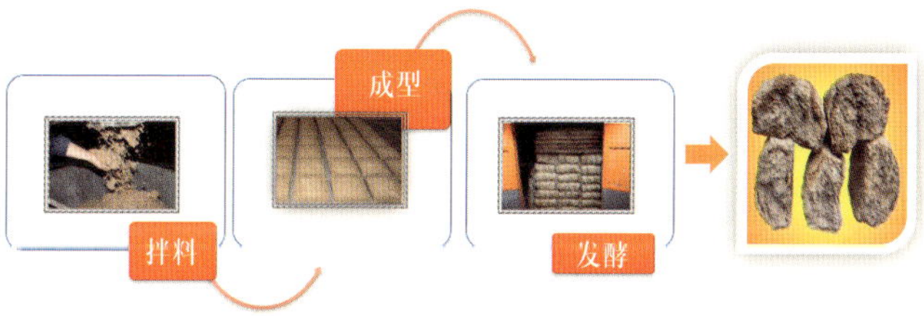

图3-11　茅台酒高温制曲工艺流程图

1. 原料以软质小麦为主

茅台酒高温大曲选择硬度相对较低的小麦作为原料，在提供微生物生长代谢所需要的营养物质的前提下，原料吸水量大，淀粉糊化时间适中等特点，为高温制曲和长时间存曲的生产工艺提供了前提条件。研究发现硬质小麦淀粉和软质小麦淀粉的吸水速度以及吸水量不同，硬质小麦淀粉吸水速度较慢，但吸水量较高，糊化时间长；软质小麦淀粉吸水速度较快，但吸水量较低，糊化时间短，糊化更充分。小麦要经过浸润和粉碎，原料粉碎后具有适宜的块皮和细粉比例，块皮相对较多，可以起到疏松透气的作用，以便于酒曲的通氧、导热及排潮。同时也需要一定比例的细粉，在曲坯中起黏合及吸水的作用，有利于酒曲的成型及堆积发酵前保水，为高温奠定坚实的基础。

2．添加适量的母曲

茅台酒大曲制作添加的母曲是上一轮次留存下来的色泽金黄、曲香浓郁的优质生产用曲，它是新一轮大曲发酵的引子，起到接种微生物的目的，其“质”与“量”直接影响着大曲品质的高低。母曲用量过少，会出现曲坯发酵不透彻、曲香味不好、生麦味重等现象；母曲用量过多，则出现曲坯发酵过度、烧坏曲坯、产生焦糊味等现象。适量母曲的添加，既可保证大曲的适度发酵又可在合理范围内实现新老物料的“物质”传递。

3．大曲的形状有利于实现高温

茅台酒高温大曲踩制成龟背形，四边紧，中间松，形似龟背，因而成名。曲块四边紧，首先是保证成型，其次“紧”的概念只是相对的，仍会有一定量空气融入满足好氧微生物的生长；而曲块中间松，能保证有足够的空气融入，以确保好氧微生物的旺盛生长、繁殖。这样在曲块发酵的过程中，曲块与曲块之间可以有一定的距离，有利于空气的流通和水分的散发，另一方面，中部有一定的高度，增加微生物的接触面积，利于微生物的生长繁殖。酿酒微生物能够在龟背形的曲块里旺盛生长与繁殖，利于“高温”环境形成，最终制成糖化力低、蛋白质分解率高、黄曲占比高、曲品优良的高温大曲。

4．仓内发酵最能体现“高温”的特点

仓内发酵形成的高温环境会对微生物种群进行筛选，形成利于生产的耐高温产香微生物体系，同时高温环境利于原料中蛋白质发生分解，形成小分子风味物质和其他物质。曲中耐高温细菌通过分解代谢活动还能产生大量的香味前体物质，从而形成独特而又浓郁的曲香，它们是茅台酒酱香成分的重要来源。种种高温带来的结果就是形成大曲中特定的微生物种群和独特的风味。

5. 茅台酒高温大曲存有独特的微生物

与其他酒曲不同的是，在茅台成品大曲中，90%的微生物是细菌[4]。这是因为，踩制成型的曲坯进入曲房后，发酵初期曲块中的淀粉含量平稳下降，酸度和糖分却在逐渐上升，此时曲块中的微生物主要为小麦原料表皮自带的霉菌、母曲中的微生物、稻草携带的微生物以及环境和工具上的微生物，由于曲块中微生物的生长代谢，曲块的温度开始有了显著的提升，此时曲块中微生物种类以细菌为主，尤其在高温阶段，细菌多以嗜热芽孢杆菌为主。它们具有很强的淀粉和蛋白质分解能力，能够将原料中的大分子营养物质（淀粉、蛋白质）分解为小分子营养物质（糖类、氨基酸），同时利用可发酵性糖和氨基酸产生呈香呈味呈色物质。因此，在曲坯高温发酵的过程中，可以闻到浓郁的曲香，充分表明细菌尤其是嗜热细菌对大曲品质的影响。随着发酵过程的进行，曲坯中水分逐渐减少，一些耐高温的霉菌也开始在曲块上生长，它们具有的糖化力和蛋白质分解能力，能将原料中的淀粉和蛋白质分解，为曲块上的微生物提供生长代谢必需的营养物质。当发酵结束后，曲块温度逐渐恢复至室温，此时曲块表面开始有霉菌富集并生长繁殖。在对茅台酒大曲中微生物进行分离培养的过程中，发现大曲中的微生物以芽孢杆菌为主，其中有能在50～60℃生长的嗜热芽孢杆菌，它们是制造大曲曲香的“主力军”；霉菌有曲霉、毛霉、红曲霉、犁头霉、青霉等，它们的存在为大曲提供了糖化力和蛋白质分解能力；还含有少量的酵母菌，包括汉逊酵母、假丝酵母和毕赤酵母等，它们为曲块提供了丰富的风味物质；大曲中还分离出了少量放线菌，它们对酿酒生产的作用，暂无研究。

6. 茅台酒高温大曲富含丰富的酶系

成品曲块中的酶类主要包括淀粉酶、糖化酶、蛋白酶和酯化酶等。其中，淀粉酶主要有：α–淀粉酶、β–淀粉酶等，其主要作用是将原料中的淀粉分解成可发酵性糖，为微生物的生长及产品发酵提供充足的碳源。特有的高温制曲工艺，使得酒曲中的淀粉酶具有一定的耐高温特性，能在高温环境中继续分解原料中的淀粉，这不仅能在高温制曲环节为微生物提供生长代谢所必需的碳源，还能在高温堆积发酵环节提高对原料的利用率。糖化酶，又称葡萄糖淀粉酶，其底物专一性较低，能从淀粉链的非还原性末端切开α–1,4糖苷键，也能缓慢切开β–1,6糖苷键。因此，它能把直链淀粉和支链淀粉水解成葡萄糖，为微生物的生产代谢提供必要的能源物质。较其他酒曲而言，茅台酒成品曲的糖化力较低。究其原因，主要还是其发酵温度高，高温持续期长，糖化酶因受热变性，酶活力大幅下降。曲块中蛋白酶能水解原料中的蛋白质生成氨基酸和多肽，不仅为微生物的生长、繁殖提供营养物质，也为其代谢产物提供结构物质。蛋白酶能有效地破坏原料颗粒质间包膜结构，提高原料的利用率，还能增加原料中有机氮含量，对产品的品质和香气成分有重要影响。酯酶也称羧基酯酶，是脂肪酶、酯合成酶、酯分解酶的统称，它既能催化酯的合成，也能催化酯的分解。其中，脂肪酶对脂肪进行分解形成各类脂肪酸，为后续的酯化反应提供前体物质。而曲块中的酯合成酶与酯分解酶在产品的发酵过程中发挥着巨大的作用，它可以催化醇与多种酸发生酯化反应，如促使乙醇与乙酸、乳酸、丁酸等有机酸反应，生成相应的酯类物质，不断丰富发酵产品的香气成分。

7. 茅台酒高温大曲富含多种茅台酒风味及其前体物质

经过特殊的高温工艺制得的茅台酒大曲中含有丰富的挥发性风味物质，包括：醇类物质、酸类物质、酯类物质、醛类物质、酮类物质、芳香族化合物、酚类物质、呋喃类物质和含氮类化合物等。茅台酒大曲中的微生物种类以耐高温的细菌为主，而细菌正是发酵过程中产香的主力军。研究发现：茅台酒曲中特有的芽孢杆菌代谢产物有3–羟基–2–丁酮、2,6–二甲基吡嗪、三甲基吡嗪、四甲基吡嗪、呋喃扭尔、异戊酸、2–甲基–2–丁烯酸、2,3–丁二醇、β–苯乙醇和苯乙酸等，可为发酵过程提供丰富的风味物质。同时，茅台高温大曲中游离氨基酸含量高、种类多，茅台酒曲中，发现有16种氨基酸，分别是：亮氨酸、异亮氨酸、缬氨酸、酪氨酸、丙氨酸、苏氨酸、甘氨酸、丝氨酸、谷氨酸、天冬氨酸、赖氨酸、鸟氨酸、精氨酸、羟赖氨酸、脯氨酸和羟脯氨酸。

氨基酸是生产白酒香味成分的重要前体物质，其在发酵过程中可经多种方式脱氨，为微生物的生长代谢提供氮源，其脱氨后形成的酮酸可进一步生成羰基化合物、高级醇等香味物质。如酪氨酸是生成酪醇的前体物质，亮氨酸是生成异戊醇的前体物质，而生成苯乙醇的前体物质是苯丙氨酸。氨基酸与糖类物质在高温条件下会产生美拉德反应，生成的吡嗪类、羰基类化合物是茅台酒风味体系的重要组成成分。氨基酸还可以参与后期的窖内发酵，进一步丰富酒体风味体系。酒曲中丰富的菌酶体系，为形成茅台酒独特的风味创造了条件。

茅台酒曲中总酸含量很高，其中3–甲基丁酸和2–甲基丙酸的含量高于其他香型酒曲；曲中的酯类物质（乙酸乙酯、乳酸乙酯等）虽含量不高，但同样能起到丰富酒体风味体系、提升口感的作用；羰基化合物作为重要的呈味物质，能赋予酒体刺激感，同时起到助香的作用。独特的高温工艺，使得茅台酒曲中含有丰富的高沸点化合物，这些高沸点的高级醇、有机酸、酯类、芳香类等物质对茅台酒细腻的口感和丰富的风味提供了物质基础。

（二）多轮次制酒

茅台酒每个生产周期经历八个轮次循环发酵，七个轮次蒸馏取酒，每一轮次都包括高温馏酒/蒸煮、高温堆积和入窖发酵，多轮次蒸煮糊化、多轮次发酵取酒是茅台酒制酒工艺的典型特征（图3–12）。耐蒸煮特性原料的选择必须适宜这样的工艺要求。

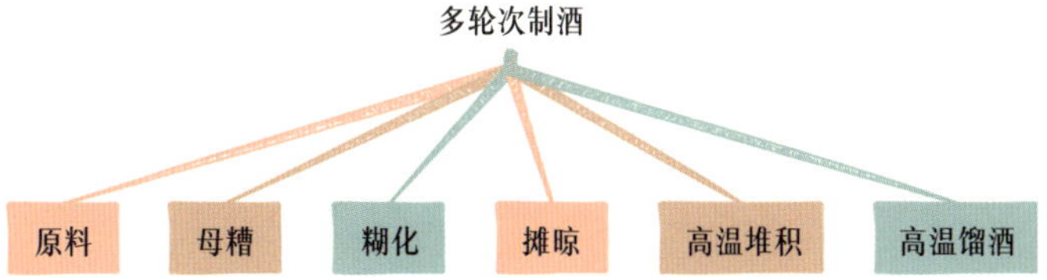

图3–12　茅台酒多轮次制酒的基本特点

1. 满足多轮次制酒的独特条件和原理

（1）“红缨子”高粱为多轮次制酒提供了适宜的原料品种。茅台酒制酒生产使用仁怀及周边地区传统种植的、经过自然筛选且收割时呈红色的“红缨子”高粱（图3-13、图3-14）为原料，具有粒小、皮厚、支链淀粉含量高、不易老化、耐蒸煮、孔隙透气性好、支撑性好的特点，适宜多轮次发酵，富含的多酚类物质含量高，为风味物质的产生提供了良好的前体。

图3-13　茅台酒用“红缨子”高粱图

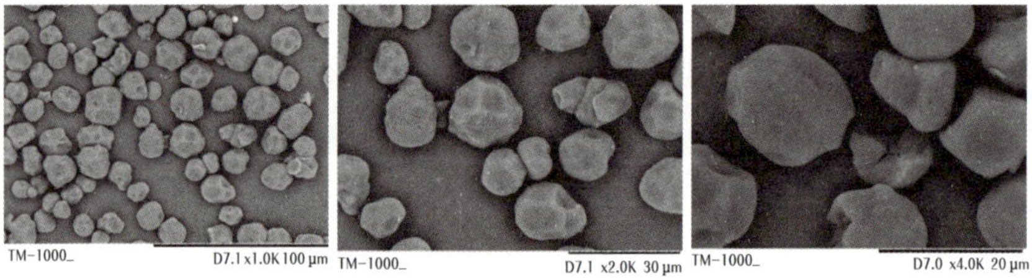

（1）放大1000倍　（2）放大2000倍　（3）放大4000倍

图3-14　“红缨子”高粱淀粉颗粒形态扫描电镜图

①粒小：较小的颗粒，能够在发酵时提供更大的比表面积，从而增加与曲粉中酶系、微生物的接触面积以及增加溶氧，非常有利于非均相的固态发酵的进行[5]。

②皮厚：茅台酒制曲采用高温制曲工艺，大曲中酵母少、细菌多、糖化力低，制酒原料也需要适应大曲的特点，例如大曲中酵母少，需要经过摊晾、堆积过程网络产酒微生物，这就要求原料必须有一定的支撑性，有良好的孔隙透气性。“皮厚”适宜茅台酒多轮

次蒸煮的酿造工艺，同时蒸煮后种皮逐步破裂，作为提供营养物质的固定相为固态发酵提供较好的支撑，从而有利于在堆积发酵阶段增加溶氧，利于酵母菌的扩培繁殖。

③独特的淀粉结构：茅台酒用“红缨子”高粱淀粉结晶为A型，具有较高的相对结晶度（均值31%），支链淀粉含量占比一般超过90%，聚合度（DP）>36，组分占比在20%以上，这些特征赋予了“红缨子”高粱较高的糊化温度和糊化热焓值、较低的回生值以及较好的保水能力，与其“耐蒸煮、难糊化、难回生”的品质特征相对应，能够适应多次蒸煮、逐步糊化，是茅台酒能够实现多轮次酿造的关键因素之一。

（2）高粱破碎度小为多轮次制酒提供了适宜的工艺基础。茅台酒的制酒过程大致分为润粮蒸煮、摊晾拌曲、堆积发酵、窖内发酵和高温馏酒五个阶段，润粮蒸煮是高粱淀粉糊化的过程，其内部结构发生显著的变化（图3-15、图3-16），是为微生物提供营养物质的关键工序。

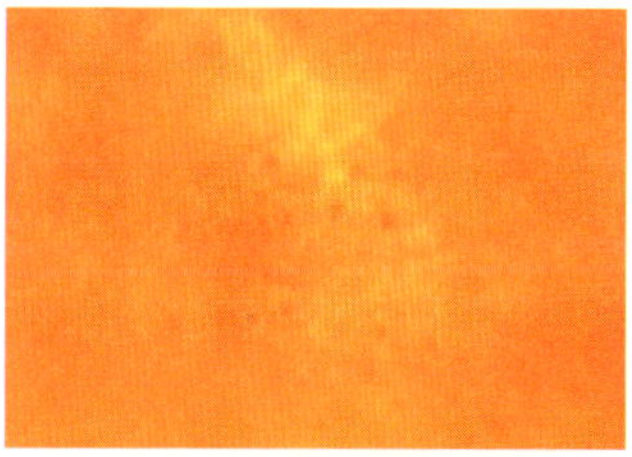

（1）润粮前

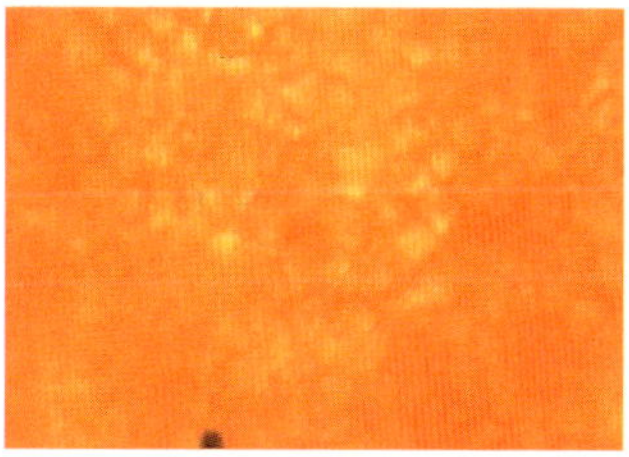

（2）润粮后

图3-15　润粮过程高粱显微镜照片

（1）蒸粮前

（2）蒸粮熟透

图3-16　蒸煮过程高粱照片

高粱淀粉糊化过程有三个阶段：可逆吸水阶段、不可逆吸水阶段、淀粉粒解体阶段。**可逆吸水阶段**主要发生在高温润粮阶段，由于支链淀粉和直链淀粉吸水饱和温度分别为大于70℃和大于40℃，且润粮翻拌操作会导致散热，故茅台酒的润粮水温要高于淀粉的吸水饱和温度（>90℃），以确保翻拌后粮堆温度≥42℃。水温低将会影响淀粉的吸水膨胀效果，润粮吸水不足又会影响后续糊化效果。**不可逆吸水阶段**发生在高粱蒸煮阶段，水分进入高粱的晶体结构间隙，结晶区氢键开始裂解，双折射现象开始消失（图3-17）。部分高粱淀粉在蒸煮过程中会进入**淀粉粒解体阶段**，即淀粉糊化后继续加热，膨胀到极限的淀粉粒开始破碎裂解，最终淀粉全部溶解，双折射现象完全消失。吸水充分的“红缨子”高粱淀粉颗粒在蒸煮期间糊化膨胀，淀粉分子双螺旋结构解聚链间的氢键打开，淀粉颗粒刚性丧失；部分吸水不完全的淀粉颗粒糊化不充分，主要表现为不规则块状，棱角清晰，表层网状的糊化淀粉包裹球形的淀粉颗粒。为提高高粱淀粉的糊化率，茅台酒制酒生产过程还会添加使用母糟。每个生产年度会留存一定量未烤过六轮次酒的优质酒醅作为下年度生产使用的母糟，含有酒精、酸类、酯类等多种物质。在下沙、造沙两次蒸煮前加入母糟，可以增加原料酸度达到更好的糊化效果，从而利于更好地进行糖化；与此同时，母糟还含有大量部分发酵过的淀粉、蛋白质等，可以为微生物的生长繁殖提供营养物质，同时，还可以提供少量风味物质及部分风味前体物质。

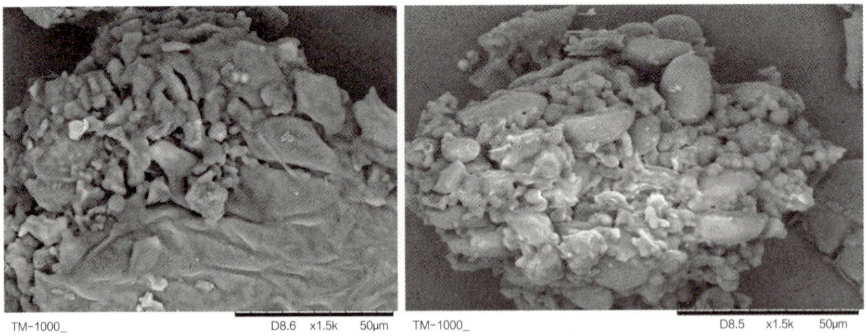

图3-17 蒸煮后的高粱扫描电镜图

热学分析表明，在多次蒸煮工艺中，酒醅糊化程度缓慢增加，且糊化所需温度也缓慢升高，表明随着蒸煮次数增加糊化越来越困难。蒸煮时长对糊化程度有影响，但主要受淀粉吸水程度影响，而吸水程度又受高粱破碎度影响。正因为如此，茅台酒生产高粱的吸水率低于其他蒸馏酒的酒醅水分，再配合低糖化力的高温大曲让养分逐步释放，所以产酒轮次必须多，产酒比例为“两头小，中间大”。

2．高温堆积

高温堆积发酵工序是茅台酒制酒工艺的关键，直接影响茅台酒的产量和质量。随着堆积发酵的进行，堆积发酵堆顶、堆表、堆心、堆底等不同部位温度和溶氧不同，且不断变化，进一步影响着微生物群落结构的重构与演替，形成更为复杂的微生物群系。如堆积过程真菌群落演替明显，毕赤酵母、酿酒酵母占比从10%左右增加到80%以上，曲霉属、嗜热真菌属占比从50%以上下降到不足10%。曾经的茅台试点实验中就做过酒醅不经堆积直接入窖发酵的对比试验，发现在入窖微生物组成比例上，不堆积的酒醅细菌占53.76%，酵母菌占46.24%；堆积的酒醅细菌占5.61%，酵母菌占94.39%；经发酵、蒸馏所得酒的质量检验前者为不合格产品，两者酒质有明显的差别。高温堆积的作用表现在三个方面：

（1）富集酵母菌　由于高温制曲工艺使得茅台酒大曲中酵母菌的数量很少，而酵母菌是发酵产酒的“主力军”，历代酿酒工在实践中摸索发明的“堆积发酵”网络、扩培环境中的酵母菌，恰到好处地弥补了高温大曲中不足的酵母菌。

（2）生香　在堆积升温过程中除了使高温大曲中积累的香味物质进一步转化，还会利用高温堆积条件调整微生物菌群结构，微生物菌群在消长过程中代谢产生更加丰富的香味物质。

（3）积累营养底物和香味的前体物质　利用高温大曲提供的丰富酶系，把糊化的高粱淀粉酶解为可发酵性糖，把蛋白质酶解为可发酵性氨基酸，为下一步窖内发酵做好营养底物准备。

实践证明，堆积发酵过程中好氧性微生物种类、数量多，发酵质量好，酒的质量就好，反之则不好。因此，搞好堆积发酵的重点是抓好酵母菌的富集和扩培，而影响酵母菌扩培效果的重要因素包括酵母菌接种量、水分、底物供给、温度、溶氧以及酸碱度等。

（1）保证良好的酵母菌接种 高温大曲中酵母菌数量稀少，堆积酒醅中的细菌主要来源于大曲，真菌主要来源于酿造生产环境，特别是重要的功能菌毕赤酵母、酿酒酵母等酵母菌主要来源于晾堂地面以及工用具。溯源分析表明，真菌中79%来源于大曲，21%来源于生产环境。因此，采用保水性较好的晾堂地面材质，维护好晾堂地面，保证足够的摊晾时间，以及充分地打造翻拌是保证酵母菌接种量的重要措施。

（2）适宜的水分 堆积发酵是典型的固态发酵过程，尽管酒醅中没有可流动的自由水，但水分却作为发酵过程中营养物质的溶剂、热量的载体，对固态发酵具有极其重要的影响，被形象地比作“固态发酵的总开关”。水对微生物的影响主要决定于其“可利用性”，即“水分活度”（图3-18）。通常情况下，细菌生长要求水分活度在0.90～0.99，酵母菌要求在0.80以上。因此，茅台酒堆积过程水分根据不同轮次糟醅的性状控制在40%～54%，这有利于酵母菌的扩培，过高过低都不好。

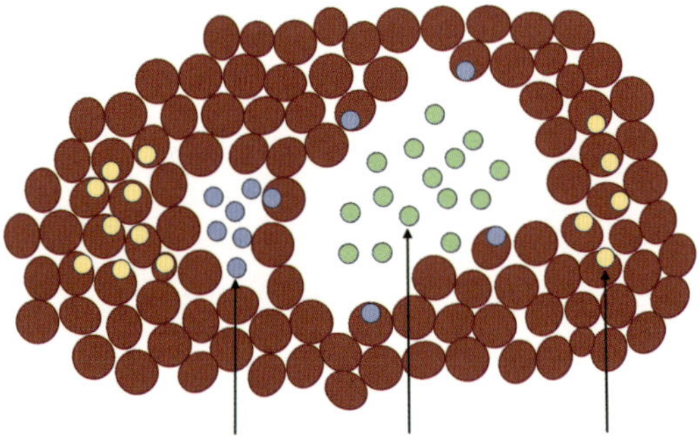

图3-18 固态发酵中水的状态示意图

（3）足够的葡萄糖供给 堆积发酵过程是一个边糖化、边发酵的“双边发酵”过程。蒸煮糊化后的酒醅与高温大曲所携带的丰富水解酶系进行充分接触，高粱中淀粉等大分子物质被逐步水解，为酵母菌等微生物的生长提供充足的底物。数据表明，堆积酒醅还原糖的含量随着堆积时间的延长逐渐升高，入窖前还原糖含量最高。与此同时，堆积表层还原糖含量低于其他堆积部位，是因为表层中氧含量高，酵母菌和细菌等微生物数量多、代谢旺盛，产生的还原糖会被快速代谢利用。

（4）适宜的温度 堆积发酵因为没有流动水，酒醅固态基质导热系数低，导致生物热积聚，造成基质局部温度升高并逐步积累形成典型的温度梯度效应[6]。酒醅固态基质特性、颗粒尺寸及含水量等都是影响堆积发酵热传递的主要因素。酵母菌群的最适生长温度在30℃左右，适宜的收堆温度为酵母菌增殖提供了良好的起始条件。与此同时，堆子收成半球形能够保证起堆中心到堆子表面的距离大体相等，最先接种并发酵的堆心部分微生物繁殖代谢产生的生物热从里向外扩散促进外层酒醅微生物正常发酵，从而保证了整个堆积过程糟醅发酵均衡。

（5）充足的溶氧 酵母菌群作为兼性厌氧微生物，在好氧条件下能够快速扩培。由于固态发酵中O_2由堆积表层向深层扩散，使得堆积表层O_2浓度高于深层，而糟醅中高粱粒度大小、粮醅的糊化程度、表皮破坏程度关系到O_2的传送效果。通常大颗粒由于存在较大间隙有利于提供更好的呼吸及通气条件，因此制酒工艺要平衡好高粱颗粒的支撑性和高粱颗粒中营养物质的释放速率。与此同时，要控制水分含量，避免糟醅基质空隙被水分挤占。操作上要疏松上堆，避免压实糟醅而导致孔隙率不足，使用辅料谷壳作为疏松介质以增加堆积酒醅的空隙率、对堆子进行重新适度疏松操作都是增加溶氧的常用措施。研究表明，随着堆积发酵的进行，堆积发酵堆顶、堆表、堆心、堆底等不同部位温度和溶氧不同且不断变化，进一步影响着微生物群落结构的重构与演替。

（6）适宜的酸碱度 酵母菌群最适生长pH在4～6，控制酒醅酸度对茅台堆积过程中酵母菌群落结构的形成及动态演替具有重要作用。在下沙轮次除了使用母糟以增加酒醅的酸度之外，茅台酒酿造过程下沙、造沙以及一轮次窖内发酵也是产酸关键期。酒醅中大量的乳酸片球菌、魏斯氏菌、面包乳杆菌及金山乳杆菌产生大量的乳酸和乙酸，使得酒醅中pH下降，这除了为酵母菌的生长创造了适宜的条件，同时还抑制了其他杂菌的生长。

3．高温馏酒

茅台酒采用的甑桶蒸馏可以看作一个特殊的填料塔（图3-19），含有水、酒精和数量众多的微量香味成分的固态发酵酒醅，通过人工装甑逐渐形成甑内的填料层，即装入的酒醅既是填料，又是被蒸馏的物料。在蒸汽的不断加热下，甑内酒醅温度不断升高，下层醅料的可挥发组分浓度逐层不断变小，上层酒醅的可挥发组分浓度逐层变浓，含于酒醅中的酒精及香味成分经过汽化、冷凝、汽化，而达到多组分浓缩、提取的目的，部分难挥发组分也同时被带出进入酒中。酒醅特性、醅层高度、蒸汽大小、馏酒温度等都会影响蒸馏效果。酒醅的特性如黏度、疏松度等直接影响蒸馏过程中的空隙度和传质传热界面。酒醅装填高度会影响蒸汽的运动路径，适当增加装填高度有利于乙醇的富集和风味物质的提取，但超过一定高度时甑桶底部的酒醅会受重力作用被压紧，降低糟醅孔隙率，加大传质传热阻力，从而不利于乙醇和风味物质的提取。蒸汽大小和馏酒温度会直接影响风味物质的馏出规律从而影响基酒的风味组成。从精馏效果来说，塔板数越多，理论塔板高度越小，柱效越高，因此茅台酒上甑操作讲究“轻、松、薄、准、匀、平”。茅台酒采用高温馏酒，馏酒温度在37℃以上。高温馏酒一方面有利于含硫化合物等低沸点物质的挥发，降低了酒体的辛辣、刺激性特

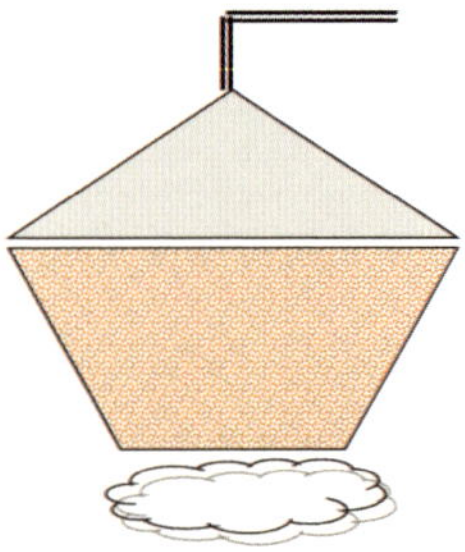

图3-19 茅台酒甑桶蒸馏示意图

点；另一方面会增加酯类物质的含量，同时有利于保留高沸点物质，进而为茅台酒的独特风格奠定基础。

（三）长期贮存

基酒带有新酒味，具有辛辣刺激感，需要经过一段时间的贮存，刺激性和辛辣感会明显减轻，口味变得醇和、柔顺，香气风味都得以改善。贮存是保证茅台酒产品质量的至关重要的生产环节之一。在贮存过程中酒体会发生一系列复杂的物理、化学变化，使酒体更为醇厚丰满，回味更加悠长（图3-20）。贮存容器、贮存时长及贮存环境等是贮存过程影响酒质变化的重要因素。

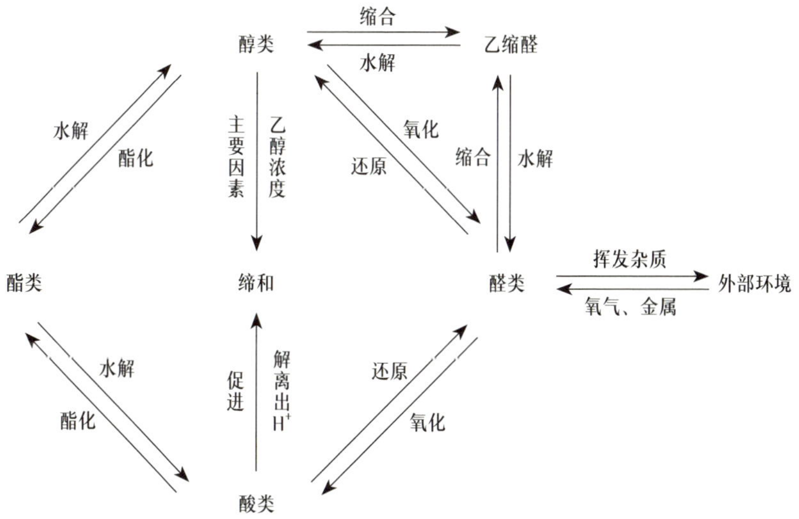

图3-20 白酒贮存过程中主要化合物变化

贮存过程中的物理变化主要是低沸点物质的挥发以及醇-水分子间的氢键缔合作用。茅台酒采用陶坛作为贮存器具，陶坛的微孔结构具有一定的透气性，这为低沸点化合物的挥发提供了有利的条件，同时一瓶普通茅台酒从投料至出厂至少需要五年时间，基酒贮存三年以上。长期贮存加上陶坛贮存工艺使得低沸点化合物不断挥发，如低沸点硫化物、烯醛类物质等刺激性化合物，酒体变得柔和醇厚。贮存过程中，乙醇分子和水分子靠氢键互相缔合，形成大分子缔合群，使更多的游离乙醇分子受到束缚，减少了分子运动的幅度和范围，从而降低了酒对味觉器官的刺激作用，感官上表现为酒体变得柔和醇厚。

贮存过程中发生的化学变化较缓慢，主要有氧化、还原、酯化与水解、聚合以及金属元素的催化等，使酒中醇、酸、酯、醛类等风味成分达到新的平衡，同时有的成分消失或增减，有的成分新产生。如醇氧化成醛，醛氧化成酸，酯类水解产生酸和醇，酸醇酯化生成酯，醇醛缩合生成缩醛等。陶坛的微孔状结构能够加速氧化过程，同时陶坛溶出的微量金属离子，如微量金属铁、铜离子对酒中的氧化反应具有明显的催化作用。

（四）精心勾兑

“勾兑”是将同一类型具有不同香味的酒按相应比例进行配比，从而达到对酒体进行补充、平衡和协调的作用，让产品形成和保持独特风格特征的一项工艺。勾兑对于茅台酒独特生产工艺同样是点睛之笔。一方面，茅台酒基酒包含三种典型体、七个轮次，同时不同车间、班组、窖池均会带来基酒多样性。通过勾兑可以将基酒多样性转化为产品的稳定性和一致性；另一方面，通过勾兑可以调整、组合各风味成分之间的比例和含量，使风味物质组成更加均衡，从而形成茅台酒风格独特的酒体。关于茅台酒勾兑技艺将在第五章进行详述。

二、茅台酒酿造涉及的固态发酵原理

茅台酒酿造工艺是典型的**非均相固态发酵过程**，其高品质是由其独特的酿造工艺所决定的。为了让读者更好地了解茅台酒的固态发酵原理，以下从制曲和制酒两个方面介绍其特有的固态发酵原理。

（一）制曲生产中固态发酵特点及原理

茅台高温大曲中，不同的曲块以及同一曲块不同的位置在微生物结构、酶系、典型风味、淀粉等营养物质结构方面有着丰富的多样性，这种多样性主要是由高温制曲生产中固态发酵的质热传递以及水的作用造成的。

1．质热传递

高温制曲工艺中，在生物热的驱动下，茅台酒大曲中逐步积累大量的耐热、嗜热微生物。仓内发酵初始阶段，假单胞菌、乳酸菌及芽孢杆菌等细菌快速繁殖，所产生物热逐步推高大曲发酵温度超过60℃并维持一段时间。在这个过程中，不耐高温的假单胞菌等细菌衰亡，芽孢杆菌和嗜热子囊菌类微生物嗜热真菌、高温放线菌等开始大量繁殖。曲坯经过仓内发酵后形成了黄曲、白曲、黑曲三种类型的拆仓曲，其中，超高温区域易形成黑曲，高温区域易产黄曲，而中温区域则主要产白曲。黄曲是颜色金黄或棕黄、曲香浓郁、具有典型茅台酒大曲风格的一类曲；白曲是颜色呈现麦粉色具有曲香味和生麦味的一类曲；黑曲即颜色呈现棕黑色、曲香明显、闻香略有焦味的一类曲。黄曲中的关键酶为α–淀粉酶，使之具有较强的液化能力；白曲中的关键酶为糖化酶，使之具有较强的糖化力；黑曲中的关键酶为纤维素酶，使之可分解纤维素，保障发酵后期物质转化的进行。

茅台酒制曲过程采用大尺寸曲块，仓内采用堆积的发酵方式充分利用了固态发酵质热传递的受限性导致曲堆内部生物热的积累，使得曲坯温度最高达到60℃以上的工艺要求。合理的磨碎度、四边紧中间松的龟背形有效保证了曲坯具有一定的通透性，为微生物繁殖代谢提供充足的溶氧。如果踩得过紧，菌丝难以由表及里地深入至曲心，曲心的水分也难以由里至外充分散发，易造成“窝心曲”或者“烧心曲”。踩得过松，又会造成大曲水分散失过快，容易造成大量“生心曲”和白曲。与此同时，翻仓实现了“强制搅拌”均一化发酵仓内曲坯的温度、湿度和O_2供给，保证良好的质热传递效果，有利于形成均一的发酵环境。

2．水的作用

水分对于制曲生产的调控作用极其明显。一方面，水是固态和气态物质传递的媒介，直接影响微生物的生长代谢。制曲起始阶段水分过多会增加物料表面湿菌体层厚度和水分活度，湿菌体层厚度增加直接降低固态发酵的O_2扩散效率，导致曲块溶氧不足。较高水分活度和溶氧不足促使厌氧产酸细菌过快繁殖，曲块表皮快速升温、曲块内部无法正常发酵，从而造成大曲窝水现象和黑曲产生。若制曲起始阶段水分过少，容易造成曲坯水分迅速散失、水分活度下降，从而抑制微生物的代谢活力，导致大曲发酵不彻底，造成大量"生心曲"和白曲的出现。另一方面，水作为热熵值高的介质，调节着固态发酵的温度。制曲过程微生物发酵产生的大量生物热需要通过水分蒸发来散失，但须控制在合理范围内以保持制曲的高温环境。工艺上通过稻草覆盖、补洒量水、关闭门窗等措施合理调节曲醅水分散失速度，使曲醅保持较长时间的高温以及较高的水分活度，为微生物生长代谢提供适宜条件。随着水分的不断蒸发散失，温度逐渐下降，水分活度不断下降，微生物代谢活动也逐步减弱，到发酵结束时水分含量已降至14%以下。

（二）多轮次制酒生产过程的固态发酵特点及原理

固态发酵的非均质性以及传质传热特性，造成需要结合人为干预来调控发酵过程以达到更好的效果，而茅台酒的技艺精髓尽显其中[7]。大曲微生物、酶系及风味物质的多样性为制酒环节酿造微生物的多样性及基酒的多样性提供了基础条件。非均相体系结合茅台酒独特的酿造工艺造就了微生态的多样性，从而形成茅台酒酿造微生物的多样性。微生物的多样性进一步产生代谢产物的多样性，进而造就基酒的多样性与复杂性，最终为茅台酒的勾兑提供丰富的基酒资源。究其核心是微生物的多样性[8]。而酸度的积累以及营养物质的逐步供给是茅台酒生产发酵过程中菌群演替的重要影响因素。同时，水分被称为“固态发酵的总开关”，堆积发酵与窖内发酵为微生物提供了适宜的发酵条件。

1．酸度对微生物的筛选

酸度对茅台酒酿造过程中微生物群落结构的形成及动态演替具有重要作用[9]。茅台酒酿造过程下沙、造沙以及一轮次的窖内发酵是产酸关键期，细菌群落在下沙轮次尚有大量的乳酸片球菌和魏斯氏菌，随着酒醅酸度的积累，造沙轮次演替为面包乳杆菌，一轮次之后以耐酸耐热的芽孢杆菌类及金山乳杆菌等为主。

2．营养物质供给对微生物的筛选

固态发酵营养物质浓度随时间、空间位置的不同而不同，同时发酵物料颗粒的不同部位也存在浓度梯度。茅台酒发酵过程中总糖在一轮次窖内发酵初期时达到整个发酵过程期间的最高值，堆子不同位置、窖内不同位置、物料颗粒不同部位糖浓度均不同，从而造成了微生物群落结构的多样性。如下沙、造沙轮次酵母菌以库氏毕赤酵母和酿酒酵母为主，一轮次时盔形毕赤酵母占主导，二、三轮次的窖内发酵拜耳接合酵母占优势，从四轮次堆积开始，库氏毕赤酵母逐渐回升为主体真菌。

3．合理水分对多轮次制酒过程的正常进行十分重要

茅台酒的润粮、蒸煮糊化是为微生物提供营养物质的关键工序，制酒有首推“发粮”之说。为保证糊化效果，茅台酒润粮水温、水量都保持在合理区间。如果润粮投水过大，会使前期轮次高粱淀粉糊化过度、营养供给过多，后期轮次淀粉等营养供给不足，进而造成轮次产酒比例不协调。与此同时，润粮投水过低又不利于高粱淀粉膨胀糊化，后期因高粱外层淀粉反生而形成“阴粒”，难以再次糊化，造成营养物质供给不足影响基酒的产量、质量。

由于水分活度与水含量并不是正比关系，而是与温度、物料性质、溶质浓度等相关，因此制酒段发酵的水分含量高于制曲段水分含量。高温堆积发酵是茅台酒工艺的核心，是茅台酒有别于其他香型白酒酿造的独特工艺，科学、辩证地认识水分的重要作用是搞好堆积发酵的重中之重。一方面，酒醅水分含量过高会造成自由水积聚在粮食物理的表层，增加液膜厚度降低溶氧传递效率，提高营养物质的水解和传递效率，导致对水分活度要求高的厌氧产酸细菌过快繁殖，发酵过程中升酸过猛，造成发酵异常。同时，水分过多还会挤走酒醅空隙中的空气，降低堆积发酵过程热量的传递，从而造成局部升温过快，影响堆积发酵质量。另一方面，水分活度不仅对固态发酵微生物的代谢活性有影响，还对酶分子的活性中心及作用方式产生影响。摊晾、拌曲等活动会减少酒醅的自由水含量并降低水分活度，影响酵母等微生物的繁殖，还会对淀粉酶等酶系水解高粱中的营养物质产生影响，造成营养物质供给不足。同时，发酵过程的生物热导致酒醅水分大量散失，特别是堆积表层，故而在入窖时可适当增加酒醅的水分活度，为酵母等微生物在窖内发酵的生长代谢活动提供物质基础。

4. 开放式晾堂堆积发酵与封闭式入窖窖内发酵相结合

茅台酒采用开放式晾堂堆积发酵与封闭式入窖窖内发酵相结合的发酵方式，为微生物提供了适宜的发酵条件。

茅台酒高温大曲几乎没有酵母菌，在堆积过程中，酵母菌数量明显增多，达到每克曲数千万至上亿个，产酒酵母基本上是在堆积过程中富集。堆积发酵过程酵母菌有氧呼吸强度远远高于窖内发酵阶段。有氧呼吸过程中，细胞在氧的参与下，通过多种酶的催化作用，把葡萄糖等有机物质彻底氧化分解，产生CO_2和水，释放能量，生成大量ATP。1mol葡萄糖彻底氧化分解，共释放2870kJ的能量，其中一部分以热能形式散失；另一部分转移到ATP中（977.28kJ/mol）储存，约形成32个ATP。无氧呼吸过程中，细胞在无氧的条件下，通过多种酶的催化作用，把葡萄糖等有机物质不彻底氧化分解，产生乳酸或酒精和CO_2，释放少量能量，生成少量ATP。无氧呼吸氧化分解有机物质不彻底，尚有大量的能量储存在酒精或乳酸中。茅台酒各轮次生产中堆积与入窖，好氧与厌氧分步进行，因时空因素带来微生物多样性，同时多轮次发酵将四季的温度变化与原料特点有机结合，充分调动了不同数量、不同种类微生物的积极性，从而形成科学合理的轮次酒产酒比例，最终为茅台酒的勾兑提供了丰富多样的基酒资源。一次酒开始酒醅淀粉含量高达38%左右，发酵时当酒醅中酒精含量达到或超过8%（体积分数）时，产酒酵母被酒精杀死而自溶，即使含再多的糖分也不能被利用，停止乙醇发酵。每轮次发酵淀粉含量下降4%左右，又因丢糟还含有淀粉10%～12%，取酒次数为7次［（38%–11%）/4%≈7］，所以，茅台酒生产七次取酒是很合理的，是根据酵母耐酒精的能力来决定的，即“整存零取”，这也充分说明“分步”发酵的科学性。

参考文献

1. 樊明涛，张文学. 发酵食品工艺学［M］. 北京：科学出版社，2021.
2. 韩德权，王莘. 微生物发酵工艺学原理［M］. 北京：化学工业出版社，2013.
3. 肖冬光，赵树欣，陈叶福，等. 白酒生产技术（第二版）［M］. 北京：化学工业出版社，2011.
4. Qi Zhu, Liangqiang Chen，et al. Analysis of environmental driving factors on core functional community during Daqu fermentation［J］. Food Research International，2022，157：111286.
5. 葛龙，赵艳，章亭洲. 固态发酵技术的特点与应用［J］. 饲料与畜牧，2010，(8)：54–56.
6. 吴盛露，杜海，徐岩. 生物热对传统固态发酵菌群演替及其代谢影响的研究进展［J］. 微生物学通报，2022，49（6）：2281–2294.
7. 刘阳. 固态发酵培养基物化特性及其固态发酵新工艺的研究［D］. 北京：中国科学院大学，2023.
8. 宋哲玮. 酱香型白酒核心酿造菌群及群体代谢机制的研究［D］. 无锡：江南大学，2020.
9. 沈怡方. 白酒生产技术全书［M］. 北京：中国轻工业出版社，1998.

第四章

CHAPTER 4

茅台酒酿造工艺实践

茅台酒酿造追求高品质的工艺

为揭示茅台酒传统工艺的奥秘，我一头扎进生产车间，整日和工人在一起，每天劳动长达十来个小时，工作强度至少是现在工人的两倍。从投料、蒸煮、制曲到堆积发酵，每个环节都需要身体力行，高温作业环境下，衣服从没有干爽过。刚开始，因为我是外地来的大学生，工友常常戏弄我，在我背酒糟时，时常故意用铲子将酒糟大力甩到我的背篓中，导致我重心不稳常常摔倒，烤酒时也常常累得晕过去，一开始确实有点承受不了。

但在朝夕相处中，我的吃苦耐劳渐渐打动了工友们，他们慢慢接纳了我，与我建立起了深厚的友谊。那年饭票被盗，是工友们从嘴边一点一点抠下食粮给我，这样的事情还有很多，让我在艰辛的劳动中时刻感受到温暖。后来我当领导后，好些工人都和他人开玩笑说“那老头儿什么都会，你瞒不过他的”。所以我非常感激这段经历，虽然过程很艰苦，却使我快速成长，加深了对茅台酒生产的认识，为我后来对茅台酒工艺实践的总结奠定了基础。正是有了这段实践经历，我在1974年发表《提高茅台酒质量的点滴经验》时，很快被茅台上下所接受，在酒厂俗称“九条经验”。当时老酒师郑义兴跟我说：“你的九条有革新，说到点子上了”，我内心十分高兴。1979年，我又发表了《增产酱香酒的十条经验》等一系列文章，逐渐演变为茅台工艺的标准规范，被一代代茅台人传承遵循。

第一节 茅台酒制曲工艺实践

制曲是酿酒的基础，白酒行业素有“曲是酒之骨”的说法，这一点在茅台酒生产中体现得尤为突出，优质高温大曲是茅台酒风格特征的重要来源和保障。每年端午时节，赤水河谷雨水增多、气温升高、湿度增大，微生物开始活跃，茅台工匠们顺此天时，制曲周期开启，人工踩制成的疏密适宜的曲块经高温发酵、拆曲、贮存等典型工艺后，进入制酒生产中并发挥重要作用。

一、制曲工艺的典型特点

（一）端午制曲

“端午制曲，重阳下沙”是茅台酒季节性生产的两大代表，每年端午时节，是小麦成熟的季节，此时茅台镇河谷气温升高，湿度变大，环境中的微生物种类和数量增多且较为活跃，为大曲发酵创造了有利条件，有助于富集并扩培制曲微生物，实现高温发酵，是生产优质高温大曲的良好时段，一个全新的制曲生产周期由此开始。

（二）小麦磨碎

1．润麦润皮不润心

润麦的目的主要是为了从物理层面改变小麦表皮的性状，在茅台制曲生产中，会在小麦磨碎的前一天进行润麦，曲师们根据小麦本身的含水量，结合制曲操作时节的气温情况，合理把握润麦水量和润麦时间，润麦水量通常较小。润麦与磨碎间隔时间因季节而有所差异。润后小麦要达到表皮收汗、口咬不黏牙、尚有焦脆声的质量要求，为合理磨碎奠定基础。

2．磨碎心烂皮不烂

因小麦性状、润麦情况都有一定差异，曲师在每天生产开始前需要对参数做出微调，确保小麦磨成“心烂皮不烂”的“梅花瓣”，总体呈现“细粉少、块皮多”的分布。影响小麦磨碎度的因素有很多，如来料速度、设备性能以及拌曲配料的效果等，曲师需全盘掌控生产的各个要素之间的平衡，生产过程中需对磨碎度定期检测，灵活调整（图4-1）。

图4-1　调节磨碎度

（三）拌曲配料

1. 母曲优选去细粉、选硬实

母曲的主要作用是接种微生物，其在制曲生产中有着至关重要的作用，需要优选贮存期合适、曲型（黄、黑、白）比例合理、色泽和香味好、硬度适宜的曲块作为母曲，为了保证母曲的质量，母曲优选尤其要注意去除曲粉、选择硬度较大的曲块。

2. 母曲用量冬多夏少

在茅台制曲生产中，根据大曲微生物含量及制曲发酵需求，经过长期的实践探索，形成了母曲用量工艺参考范围。同时需在工艺范围内根据季节、气候变化适当调节母曲用量，确保微生物接种数量适宜。总体按照“冬多夏少”的原则在工艺范围内调节母曲用量，在气候寒冷的冬季，为了达到更好的培菌效果，在工艺范围内多加母曲；在春秋季，随着温度回升，适当减少母曲用量；夏季母曲用量最少。

3. 拌料手捏成团丢下即散

拌曲配料首先要做到的是小麦、母曲和水的配比要合适，主要是平衡好三者的来料速度。由于生产过程中小麦的磨碎程度、水压等可能会发生微小变化，曲师需要适时进行判断、调整。总体来说，搅拌后曲料应拌和均匀，符合“手捏成团、丢下即散”的感官要求。

（四）踩制成型

1. 人工踩曲

图4-2 人工踩曲

曲坯踩制过程中，为了确保曲坯成型好，要一次性将曲料装入曲模。踩曲（图4-2）的过程中步伐要轻快，脚步要密，踩制合格的曲坯要求边角整齐、无断裂、无夹灰、四边紧、中间松、呈龟背形。人工踩曲可以起到提浆作用，能够促使曲坯韧性以及成型度更高，同时可通过工人的技术把控，形成独特的曲坯松紧度、密度和厚度差异性分布，有利于形成多样性的微生物菌群。

2. 龟背形曲坯

踩制成型的曲坯，形状上呈现“四边低中间高”的龟背形。龟背形可增大曲坯表面积，促进摊晾及发酵过程富集、扩培微生物，同时有利于提高入仓堆积后曲坯之间的通风溶氧，满足制曲微生物对氧气的需求。紧实度上呈现“四边紧中间松”的特征，曲坯四周相对紧实有利于保持曲坯形状，是入仓堆积的重要基础，同时有利于曲坯发酵过程保温。曲坯中间相对疏松，提供了曲坯内部必要的溶氧条件。

（五）仓内发酵

1. 逐层摊晾

曲坯踩制成型后，将其平置于晾堂上进行摊晾（图4-3），以调节曲坯干湿度、硬度，并富集环境微生物。茅台制曲生产按照“逐层摊晾”的原则，根据装仓位置不同，对曲坯的摊晾时间进行合理控制。

图4-3 曲坯摊晾

同时要根据季节气候变化，结合入仓温湿度，量水用量用法，曲草和稻草留存的多少，发酵仓与晾堂的距离，合理把握入仓曲坯收汗程度。摊晾过程还要求每块曲坯之间的间隔相对统一，确保曲坯四周的通风条件基本一致，促进摊晾收汗的均匀性。

2．堆曲横三竖三

曲坯装仓按照“横三竖三”的方式堆放（图4–4），即上下层之间横三块、竖三块的方式交错，曲坯与曲坯的背部不得相对，此种装曲方式确保埂子更加稳固，增强曲坯透气性。

图4–4 横三竖三堆曲

3．底草、隔草、卡草、垫草、盖草

稻草的使用是高温大曲生产的重要特征。根据使用位置和用途不同，分为底草、隔草、卡草、垫草、盖草。每一行底层曲坯堆放前，在地面铺上曲草，称为底草；曲坯与墙之间须竖立一层稻草，称为隔草；堆曲时，同一层曲坯之间的草为卡草；堆好一层曲坯后，需要铺上垫草，然后堆放上一层曲坯。堆曲完毕后，在曲堆的顶部、侧面铺上盖草。各类稻草的合理使用保障了仓内的高温发酵。

4．曲草新老搭配

入仓堆积使用的稻草分为新草和老草，其作用各不相同，用法也各不相同。老草是已参与发酵过程的曲草，比新草富集更多的有益微生物，且吸水性强，有利于曲坯升温发酵；新草在长度和支撑性方面具有明显的优势，具有更好的隔离溶氧作用。合理搭配使用新草、老草有助于提升曲坯仓内发酵质量和大曲品质。

5．量水用量合理调整

制曲生产发酵过程中，发酵仓内外围的曲坯水分散失较快。为保持大曲发酵培菌初期发酵仓的环境湿度及曲坯水分，减少曲坯干皮现象，在堆曲完成后，需洒上适量量水，量水使用遵循季节性原则，根据不同季节环境湿度及气温情况灵活调节。

6．翻仓要快、要松

茅台制曲生产每个发酵周期内共进行两次翻曲（图4–5），调换曲坯位置。在保证规范操作的前提下，要求迅速翻仓，做到宜松不宜紧，翻曲时门窗要小开，以便发酵仓保持一定的温度、湿度，利于二次升温，充分体现了茅台坚持制曲“高温”这一核心工艺。

图4–5 翻曲

7．黄、白、黑曲比例适宜

大曲在发酵过程中因温度和湿度的不同，在发酵完成时曲坯发酵程度不同，在颜色上会有一定差异，总体可分为黄曲、白曲、黑曲。黄曲，曲色呈金黄色或棕黄色，闻香曲香浓郁、典型；白曲，曲色类似于麦粉色，闻香有生麦味和一定的曲香；黑曲，曲色呈褐黄色，曲香明显，其中曲心曲香纯正，曲皮焦香明显。通常黄曲、白曲、黑曲的形成与仓内发酵不同的温区有关，茅台制曲生产中黄曲率在80%以上，构成了茅台酒大曲的主体特征。茅台人在生产实践过程中，通过合理的工艺管控，实现了合理的黄曲、白曲、黑曲比例，赋予了大曲物系、菌系、酶系的多样性和平衡之美。

（六）大曲贮存

1. 混装贮存

大曲发酵结束后，拆曲并转入通风防潮的干曲仓中进行贮存，促进大曲“老熟”形成更丰富的风味物质。根据干曲仓结构及贮存要求，通常将30个左右发酵仓的曲块进行混合贮存，同一个干曲仓内混合贮存来自多个不同轮次、多个不同发酵仓的大曲，赋予了大曲贮存过程二次发酵的多样性。

2. 六个月存曲

茅台经过大量的生产实践探索和科学研究，总结形成了6个月左右的存曲工艺。由于大曲是混装贮存，贮存期按照加权进行测算，需要定期进行盘库，掌握好大曲的存量，同时要进行相对精准的调度，确保生产用曲的贮存期适宜。

二、制曲工装的传统特色

（一）制曲厂房

1. 海拔位置居中

在茅台酒15.03km^{2}的地理标志产区内，制曲厂房的布局相较制酒厂房，总体海拔较高，这是发酵工艺的需求。海拔较高的地带通风整体较好，更加符合开放式有氧发酵的制曲工艺。

2.“一”字形和“工”字形厂房

历史上，受制于当时的发展水平，制曲厂房曾为单层结构［图4-6（1）］，发酵与贮存均在地面进行，占地面积大，拆曲时还需人工将曲块转运至干曲仓顶部后丢下。随着科学技术和生产工艺的

(1)曾经的单层制曲厂房　　(2)目前的双层制曲厂房

图4-6　制曲厂房

发展，茅台酒的制曲厂房逐步演变为一层干曲仓、二层发酵仓的结构[图4-6(2)]。相较而言，如今的厂房结构确保了发酵质量的同时，更好地利用了土地资源，有效降低了员工劳动强度。因地理位置不同，有“一”字形和“工”字形厂房，“一”字形为一排分布，形成两头发酵、中间踩曲的布局，有两个班组；“工”字形主体结构保持相同，为四个班组，已形成工装标准。

3. 小青瓦房顶与木质望板结构

制曲厂房采用小青瓦结构，可以调控大曲发酵过程中的温度、湿度，形成排湿、散热和保温之间的平衡，更有利于形成持续高温的制曲环境，促进茅台酒大曲独特的微生物菌群和酶系的形成。具体来说，一是小青瓦具备优良的防水性能，有效防止雨水渗透，保障制曲生产环境的干燥；二是小青瓦具备独特的隔热性能，有利于夏季隔热和冬季保温；三是小青瓦有良好的透气性，可以促进蒸汽的合理散发。发酵仓的“望板”是茅台酒的传统工装之一，具有一定的通风、排潮、保温作用，对促进高温发酵具有重要的作用。

(二)踩曲晾堂

踩曲晾堂是曲坯入仓发酵前的摊晾场所，其摊晾的好坏对仓内发酵的质量有着重要的影响。为利于曲坯摊晾，茅台的踩曲晾堂面积也在发生着演变。早期厂房晾堂面积较小，严重影响了摊晾效果，后续新建厂房晾堂面积逐渐扩大，摊晾效果逐步得到改善（图4-7）。经过长期的实践证明，目前的摊晾面积和工艺要求及产能需求的契合度均已达成较为良好的状态。

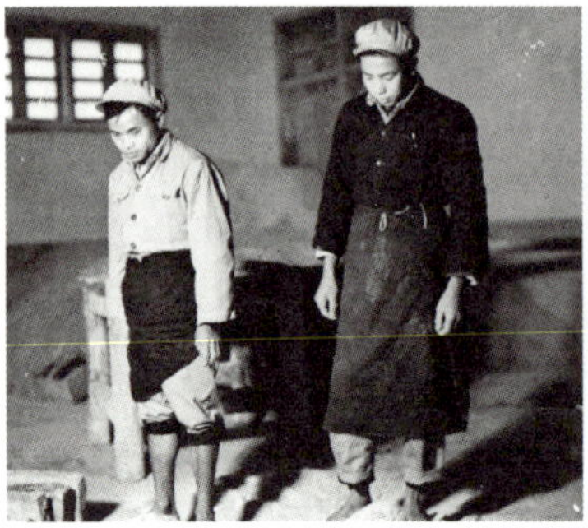

（1）早期晾堂

（2）现在晾堂

图4-7　制曲踩曲晾堂

（三）发酵仓

高温发酵是茅台酒大曲的核心所在，发酵仓的结构起着关键作用。根据“四层六埂”的装仓要求，发酵仓规格保持了相对固定的尺寸，既要有较好的保温空间，又要留有一定的操作空间。

制曲发酵仓采用三合土地坪，“三合土”对大曲发酵过程有重要的促进作用。一是三合土具有良好的保温隔热性能，有利于保障高温制曲发酵温度；二是三合土具有较大的比表面积，有利于增大微生物接种面积，促进微生物富集；三是三合土具有适宜的吸水和保水特性，有利于维持发酵过程曲坯水分，保障微生物营养供给均衡。

（四）干曲仓

干曲仓是发酵成熟拆仓后曲块贮存的场所，贮存时间约6个月左右，仓容和发酵仓相互匹配，还保留适量通风空间，为大曲在干曲贮存环节的后发酵创造有利的条件。在干曲仓地坪安装木地板，有效避免水泥地坪发生吸水返潮现象，同时对干曲入仓起到一定缓冲作用。

三、制曲产品的品质特征

（一）微生物组成多样

茅台酒大曲微生物来源于母曲、原辅料、生产环境、工用具、空气等，母曲为主要来源。茅台制曲生产采用优质成品大曲作为母曲，既保障了微生物来源的稳定性，又延续了茅台酒大曲微生物多样性的本质特征。同时通过制曲生产过程自然接种，富集和扩培有益微生物。高温制曲是茅台酒重要的生产工艺，一次翻曲平均曲温可以达到60℃以上，二次翻曲温度也在50℃以上，独特的高温工艺造就了茅台酒高温大曲独特的微生物结构。与中温大曲、低温大曲相比，茅台酒高温大曲中以细菌为主，仅含有极少量的酵母菌。

在“茅台试点”期间，通过可培养手段，发现了茅台酒大曲不论新曲、老曲，细菌占比均达95%以上。随着分离培养技术的进步，科研人员不断深化大曲微生物的分离、筛选及微生物组成结构的研究，发现茅台酒大曲中的细菌主要为能够形成芽孢等抗逆性强的枯草芽孢杆菌、地衣芽孢杆菌、凝结芽孢杆菌、蜡样芽孢杆菌、嗜热脂肪芽孢杆菌、短芽孢杆菌、短小芽孢杆菌等芽孢杆菌类。这些芽孢杆菌固态发酵产物大部分以乙偶姻、吡嗪类、β-苯乙醇等特征性风味物质为主；霉菌主要以拟青霉、毛霉、米根霉、根霉、白地霉等为主，这些霉菌可以生成淀粉酶、蛋白酶，其中毛霉的代谢产物以亚油酸乙酯、油酸乙酯等高级脂肪酸酯为主；酵母菌主要有酿酒酵母、假丝酵母、毕赤酵母、丝孢酵母等，具有产酒和产香的功能。独特的高温制曲工艺促进了以细菌为主要微生物的独特微生物结构形成，为高温大曲独特的酶系与风味组成提供了保障，为制酒生产高温堆积发酵提供了优质的耐高温菌种资源，是茅台酒独特品质的前提保障。

（二）酶系组成适配

茅台酒大曲特有的高温制曲工艺促进了其独特微生物结构的形成，而酶作为由微生物活细胞产生的蛋白质，独特的高温制曲工艺间接影响着大曲酶系的形成。在茅台酒大曲中主要包括了糖化酶系、蛋白酶系、纤维素酶系与酯酶系等。糖化酶作为水解淀粉类底物的重要酶系，活力低是其重要的特征之一，为茅台酒多轮次发酵奠定了物质基础。高温工艺对糖化酶系组成进行了筛选，造成了高温大曲糖化酶活力低于中、低温大曲的特性，且不同制曲轮次所得成品曲中酶活力呈现出轮次变化特性，成品曲糖化力的轮次特性造成了制酒轮次淀粉质底物水解与供给能力的轮次差异，是轮次基酒产量表现出“两头低、中间高”产量特性的基础。蛋白酶分解小麦蛋白形成了丰富的氨基酸类群，主要包括天冬氨酸、苏氨酸、丝氨酸、天冬酰胺、谷氨酸、甘氨酸、丙氨酸等。高温制曲工艺保障了蛋白酶活性的轮次稳定性，而在制曲过程中淀粉经糖化酶分解产生还原糖，蛋白经蛋白酶水解产生丰富的氨基酸类群，为美拉德反应提供了充足的底物。

（三）风味组成丰富

茅台酒大曲独特的高温制曲生产工艺，整个制曲过程经历低温、中温、高温不同的发酵阶段，非均相固态发酵导致了曲坯不同发酵温度、温区分布，因此嗜高温、嗜中温、嗜低温微生物代谢产物在茅台酒大曲中均有体现。同时高温制曲工艺促进了美拉德反应的进行，美拉德反应产物也是茅台酒大曲风味物质的重要组成，综合造就了茅台酒大曲独特而丰富的风味物质组成。研究表明，茅台酒大曲中富含吡嗪类、芳香族、杂环类、酸类、醇类、酯类、醛酮类、酚类等多种风味物质，是茅台酒风味物质的重要来源之一，与茅台酒的风格特征和品质密切相关，其中吡嗪类化合物种类多、含量高是高温大曲的典型特征。高温大曲生产过程发酵温度高达60℃

以上，由于制曲温度较高，加速了美拉德反应，吡嗪类化合物的种类与含量高于其他类型的大曲，尤以四甲基吡嗪最为显著。吡嗪类化合物嗅觉阈值低，一般具有类似于坚果、可可等的香气特征，是茅台酒大曲香气的重要组成。

第二节 茅台酒制酒工艺实践

相较于制曲的含蓄和内敛，制酒的表达是热烈奔放的，仿若它就是整个舞台的主角，“一年一个生产周期、两次投料、九次蒸煮、八次发酵、七次取酒、高温堆积、高温馏酒”这一独特的工艺是大自然的馈赠，是历代茅台人用汗水和智慧总结出来的实践经验。茅台酒制酒工法中，工匠们利用时空要素充分调动、平衡微生物的积极性，再加之高温大曲带来的多样复杂的菌系、酶系、物系，使得酿造微生物在不同轮次之间进行群落演替，缔造出了具有典型风格又丰富多样的基酒。

一、制酒工艺的典型特点

（一）重阳下沙，两次投料

“重阳下沙”是指重阳时节开始投料，标志着一个新的酿酒周期的开始，茅台酒生产选择重阳节下沙投料，是充分顺应自然的规律。第一，最佳的原料是“红缨子”糯高粱，重阳时节正好是“红缨子”糯高粱的成熟季。第二，最佳的生产用水是赤水河的河水，每年端午节至重阳节，是茅台河谷的雨季，水土流失大，河水浑浊呈赤红色，不宜用来酿酒；而重阳节之后，河水由“赤”变“清”，清澈透明，水质是一年最好的时候，为茅台酒生产提供了最好的用水。第三，每年农历九月，秋高气爽，茅台河谷的气温降至25℃左右，有利于酿酒微生物的生长繁殖。沙是整粒高粱的形象表述，体现的是多轮次取酒的需求，也与大曲的特性相匹配。

茅台酒生产全年只有两次投料，第一次投料称为“下沙”，一个月后的第二次投料称为“造沙”。因为在重阳节之前，河谷地带的高粱先熟，人们把河谷地带的高粱收割后投入酿酒，大概一个月之后，山坡上的高粱才成熟，然后将其收割后再和第一次的高粱混在一起使用，也就是两次投入高粱。造沙轮次生产时，第一次投料的高粱经糊化、发酵后称为“熟沙”，要将“熟沙”与第二次投入的“生沙”按比例充分混合，有利于高粱充分吸水，发酵均匀。“两次投料”充满着农耕文明的典型特征，现在由于生产规模的扩大，现代化粮库的投用，高粱会在上一个年度收储好。储存近一年的高粱既保证了粮食品质，氰苷类物质又适量减少，更有利于酿酒。

（二）润粮

1．高粱破碎“宁粗勿细”

高粱投料时，需要进行适度破碎，使其能吸水膨胀、糊化、糖化、发酵。茅台人曾经用石磨来磨，动力是人或牲畜或电力，现今用滚筒式钢磨。下沙轮次破碎度与造沙轮次破碎度存在一定差异，总体要求是“宁粗勿细”。

2．发粮

润粮是向高粱中投入一定量的沸水（图4-8），使高粱充分吸水、膨胀，为糊化做准备的操作过程，俗称发粮。润粮质量的好坏，往往影响到全年茅台酒的产量、质量以及轮次产酒比例是否协调，因此非常重要。润粮操作是一年一度生产劳动强度最大的工序，全部要靠人工快速翻拌，特别要注意翻移时要“快”：一是避免“覆水难收”，便于水与粮的搅拌；二是防止水温散失，影响高粱吸水速度。每堆高粱需连续翻搅多次，确保吸水均匀（图4-9）。

图4-8 润粮投水

图4-9 快速翻拌

（三）蒸粮

1. 生沙加母糟

下沙轮次蒸粮前要先在粮堆中加入一定量制细的母糟，并翻拌均匀。母糟是上一年度五轮次入窖后留存的酒醅，加入母糟一是为下沙网罗、繁殖微生物提供部分营养物质，有利于发酵；二是母糟中含有部分有机酸，易使高粱的颗粒物破裂时产生的淀粉在酸的作用下发生水解，利于糊化；三是起到筛选微生物的作用；四是提供酒的香气香味及前体物质。

2. 蒸粮“七分熟”

蒸粮是通过甑内蒸煮使淀粉颗粒进一步吸水、膨胀、破裂转化为糊精，为糖化做准备的过程。蒸粮时要控制好时间和汽压，蒸熟程度“七分熟”较为理想，这样有利于后期轮次反复糊化。

（四）摊晾拌曲

1. 快速摊晾、趁热制细

在20世纪70年代前，粮（糟）醅摊晾都是两人从甑子内挖出，另有两人根据场地的情况快速抛撒出去，然后把粮（糟）醅掀开、推开、划开，再掀开、推开、划开，反复多次，直到不烫时再用脚踢。随着生产管理水平的不断提高，班组晾堂操作也不断精细化。当前摊晾工序按冬天稍厚、夏天稍薄的原则，先将下甑粮（糟）

醅均分成几堆卸甑，然后由远及近，快速将粮（糟）醅抛起甩出（图4-10），厚薄均匀，再快速打造、制细，使粮（糟）醅快速降温。快速摊晾能够尽快地把高温降下来，增加低温段（40℃以下）摊晾时间，有利于酵母菌等微生物接种；趁热制细，有利于充分、均匀降温，防止团块过多、与大曲结合不匀，进而有利于微生物接种和扩培，促进堆积发酵。在前期轮次下甑后尽量不用叉扫扫糟醅，本身高粱就是颗粒状的，不用扫也能制细，扫了还容易把高粱粒戳破，提前释放糊精，影响堆积溶氧，典型的“费力不讨好”。

图4-10　快速摊晾

2．勤打造、勤踢糟

摊晾时还要做到勤打造、勤踢糟。打造是用木锨将摊晾开的粮（糟）醅抛撒并铲成条埂的操作（图4-11）；踢糟是赤脚贴地将粮（糟）醅踢散、制细、拌匀的操作（图4-12）。打造和踢糟时，都要交叉进行。勤打造和勤踢糟有利于粮（糟）醅快速降温、减少表皮水分，有利于提高粮（糟）醅的疏松度和均衡性，还有利于粮（糟）醅充分网罗晾堂地面、空气、工用具上的微生物。

3．合理安排作业进度

酿酒过程中晾堂是微生物的重要来源之一，持续摊晾对晾堂微

图4-11 打造

图4-12 踢糟

生物有一定影响，间歇式操作有利于晾堂细菌、酵母菌、乳酸菌等的恢复，因此要合理安排作业进度，让晾堂微生物得到足够时间进行休养生息，保障晾堂微生物菌群保持相对稳定。

4．曲醅拌和均匀

拌曲就是当摊晾的粮（糟）醅温度符合拌曲温度时，将规定数量的大曲均匀撒在粮醅槽中或糟醅上的操作。撒曲时要尽量降低撒曲高度，避免曲粉飞扬。拌曲过程尽量不用叉扫扫粮醅，更不能用叉扫扫粮醅代替翻糟，防止造成颗粒破碎、黏结（图4-13）。

（1）撒曲

（2）翻拌

图4-13 拌曲操作

（五）堆积发酵

1．起堆规划

曲醅拌和完成后要收糟进行堆积发酵，每个堆子第一排的拌曲收糟操作称为起堆。起堆前要选好堆子位置，一般要选择离窖池比较近的位置，便于下窖；此外，要考虑好相邻堆子距离，便于摊晾、拌曲操作，确保整个堆子能均匀上堆。下沙至四轮次堆积时间较长，一般起单大堆，促进堆积升温；五轮次起气温升高，堆子来温较快，可起双小堆，有利于均衡发酵。

2．起堆、上堆

每排收堆时，对收糟温度的把控至关重要。如收糟温度过高，不利于已接种到粮（糟）醅中的酵母菌扩培；收糟温度过低，同样不利于酵母菌等酿酒微生物的生长繁殖，导致微生物生长延滞期较长，进而影响堆积发酵进程。

因此，起堆、上堆时要通过调节收糟温度及操作速度，控制好起堆、上堆温度。特别在一、二轮次气温较低时，糟醅温度降低快，班组需组织好人力快速完成摊晾、拌曲、收糟等操作，避免起堆、上堆温度过低。

3．疏松上堆

收糟时要边翻边收，上堆时要将粮（糟）醅均匀铺撒在堆子表面，保持粮（糟）醅疏松。每天的上堆量要根据气温和堆积情况控制，尤其是冬天，既不能太多防止把糟子压得太紧，又不能太少导致温度散失太多，太多或太少都不利于微生物生长代谢。

4．堆子呈“半球形”

堆积发酵过程是从起堆开始，堆子要求呈“半球形”，有利于堆积发酵更加均衡。1978年前建设的生产房中晾堂狭窄，摊晾拌曲操作不方便，因此普遍采用拦糟板堆积发酵，将堆子堆在窖池边缘，堆积很高以调节晾堂地面空间，入窖时可使用拦糟板将堆子直接推到窖内。然而此种堆积方式易导致堆子发酵不均衡，常出现堆子中间部分刚发酵好，靠近拦糟板一方的糟醅已烧坏的现象。随着工艺装备及管理技术的不断提高，堆积方式逐渐改进并固化为半球形（图4–14）。

5．堆积发酵评价

堆积发酵主要是为了网罗、扩培环境中的有益微生物，弥补高

图4-14 “半球形”堆子

温制曲过程微生物种类和数量的不足，形成独特的入窖微生物结构，起到“二次制曲”的作用。在长期生产实践中，茅台人对堆积发酵程度和质量的评价非常系统，通过“数据+感官”的方法，对过程和结果进行综合判定。

6.“刀切式”入窖

粮（糟）醅入窖时，要采用“刀切式”，从堆子的一边抓取粮（糟）醅，按顺序逐步入窖。堆积发酵过程中由于堆子内外溶氧、温度的差异，导致粮（糟）醅内外部微生物菌群结构存在一定差异，“刀切式”入窖有利于粮（糟）醅的温度和微生物分布均匀，促进窖内发酵更加均衡。

（六）窖内发酵

1. 湿窖底干窖面

窖底、窖面是茅台酒生产中的一大特色，制作好的窖底、窖面分别铺在窖内糟醅的底部和面上，与窖内醅同时发酵，以提高基酒丰满度。

窖底制作时，先选取适量优质窖底醅挖散、切细，再补入适量新醅、大曲翻拌均匀，泼洒适量尾酒和优质窖底水，翻拌均匀，窖底醅较为湿润。“窖底”是茅台酒三种典型体之一，由于窖底酒香气香味独特，发酵好的窖底醅须单独烤取、单独存放。

窖面制作时，先将提前选取的糟醅挖散、切细，加入适量大曲翻拌均匀，泼洒适量尾酒和配料，翻拌均匀，窖面醅较为干燥。窖面酒具有独特的香气香味物质，发酵好的窖面醅也需要单独烤取、单独存放。

2．窖池养护

窖内发酵为“封闭式发酵”，是利用酿酒微生物在无氧条件下，将糖分及其他可发酵物质转化成乙醇和香气香味物质的过程。要保证窖内发酵质量，为酿酒微生物创造稳定、适宜的窖内发酵环境最为关键。一是新窖池使用前要进行烧窖，以除去窖内杂菌杂味。二是要做好窖底养护，定期检查窖底井、沟是否完好，如有漏气现象要及时修复；检查窖底泥、窖底水香味和颜色是否正常，如有发黑、发臭现象则需及时更换；窖底醅有异杂味时也要重新翻做。三是入窖前需清理窖壁，用叉扫将窖壁缝内残留的酒醅、窖泥等彻底清理干净，下造沙轮次时还需用开水清烫窖壁，必要时可以用高度尾酒进行杀菌处理，确保窖内干净、无杂菌污染。

3．以酒养糟

以酒养糟，是指在酱香型白酒生产过程中，除了投料和润粮阶段加水之外，其他环节不再加水。为了调节酒醅的水分，会在窖底、窖壁、粮（糟）醅内和做窖底、窖面及入窖时喷洒尾酒，其中在粮（糟）醅内喷洒尾酒用量最多。一定量的尾酒还可以通过“老带新”的方式促进基酒风味的平衡。

4．封窖泥踩制成瓦泥状

封窖泥主要起到窖池密封作用，通常将上年度使用过的封窖泥与本年度新增紫红泥混合使用。封窖泥的制作按照“一切、二润、三踩制”的工序进行，先用锄头等工具将干硬的泥块切细，再将其浸润软化，在使用前一天进行踩制，要充分踩匀呈瓦泥状，排出窖泥中的空气，提高粘连度和密闭性，确保在使用时无滴水和流泥现象。封窖泥踩制的劳动强度较大，目前正在探索集中机械制泥工艺。

5.“馒头形”封窖

粮（糟）醅入窖后，进行封窖操作。封窖完成后，窖面整体呈“馒头形”，粮（糟）入窖后会有一定沉降，封窖泥呈拱形结构不易开裂，且开裂后易于拍合。

6．适时敞窖、盖窖

封窖后还需做好窖池管理（图4–15），定期检查封窖泥状况，及时整理粮（糟）醅沉降过程中产生的卷边泥块。每日都要做好适时敞窖、盖窖工作，一是利于窖面泥上的积水快速风干，便于清洁、整理窖面；二是利于窖内废气的排放；三是防止窖泥过干开裂，防止空气进入窖内烧坏酒醅。当封窖泥出现开边或裂口时，应及时将边、口杵平封好，确保窖面无霉变、无积水、无开裂、无杂物，直至开窖。

图4–15 窖池管理操作

7．窖内发酵30天

窖期是指粮（糟）醅入池封窖到开窖取醅的时间段，茅台酒生产窖内发酵期约为30天。研究表明，糟醅入窖后1～2周，酵母菌数量维持相对稳定，之后逐渐进入衰亡期，产酒、产香能力上升缓慢；入窖30天左右，酵母菌代谢基本停止，因此，从微生物角度出发，窖内30天的发酵周期更有利于乙醇和香味物质的累积，符合微生物代谢规律。

（七）上甑取酒

1．开窖“三分离”

开窖取醅是指窖内酒醅发酵期满后，将酒醅逐排取出的过程。开窖过程特别注意要及时清理窖面上的残泥、谷壳，做到酒醅、碎泥、谷壳“三分离”，做好“三分离”不仅有利于减少泥味、霉味等异味酒产生，还有利于延长封窖泥使用周期。

2．平层取醅

取醅时每次以一排的量（两甑）为准，注意要平层取醅，因为窖池的上、中、下层位置酒醅的温度、酸度、水分、糖分及微生物均有所不同，生成的香气香味物质也有差别，平层取醅充分利用时间与空间的特性，获得风格特征明显的基酒，增加基酒风味多样性。

3．上甑“六字诀”

甑桶类似于一个特殊的填料塔，人工装甑布料逐渐形成甑内的填料层，在蒸汽不断加热下，下层醅料的可挥发性组分浓度逐层变小进入上层，上层醅料的可挥发性组分浓度逐层变浓，酒醅中的酒精及香味成分经过汽化、冷凝、汽化，而达到多组分浓缩、提取之目的。茅台的甑桶蒸馏原理并无独特和新颖的地方，特别之处就在于酒醅黏性大、易成团，因此对操作要求更高，只有高标准的上甑操作才能保证出酒率。

茅台人通过长期实践总结出上甑工法的六字要诀，即“轻、松、薄、准、匀、平”。上甑时一人掏糟，一人上甑，上甑将抬箢内的酒醅摇松，按“轻、松、薄、准、匀、平”的要求，即压醅要轻、粮（酒）醅要松散、覆盖要薄、见汽压醅要准、覆盖面要均匀、甑内粮（酒）醅表面要平整，一般一抬箢酒醅分2～3次撒醅，有利于提高上甑质量（图4–16）。

图4-16 上甑操作

4．见汽压醅、缓火蒸馏

上甑过程还需要做到“见汽压醅”，是指酒汽前锋到达料面顶部冒出醅面时，迅速用冷醅覆盖在蒸汽冒出处。这样做相较于“暗汽布料”，虽然会损失少量酒蒸汽，但避免了“蒸酒不出酒”的热封闭现象，又能产生最大的料层间温度差，获得好的料层间冷凝效果，进而提高蒸馏效率。

“缓火蒸馏”是指上甑及蒸馏过程中，保持较小的蒸汽压力，使酒醅内部的风味物质有足够时间被乙醇溶解、渗透出来，跟上主气流同步馏出。如果蒸汽压力过大，则主气流上升过快，各微量成分被快速馏出，不利于提酯增香；并且大汽会将一些高沸点物质（如乳酸、杂醇油等）大量蒸入酒中，造成酒体不协调。

5．看花摘酒

上甑结束后要按照不同轮次质量和酒精度要求进行摘酒。茅台酒采用低酒精浓度接酒，轮次酒接到52%～57%vol，这给茅台酒带来大量不易挥发的物质、酸类物质和空杯留香物质。

摘酒过程要采取看“花”为主（图4-17），口尝和用酒精计测量相结合的方式控制酒质。“看花”，即通过观察酒花大小、酒花滞留时间长短来判断馏出酒液的酒精度高低。酒花的分类一般有：

（1）鱼眼花 指酒花大如鱼眼，散失较快，此时酒精度高。

（2）堆花　指酒花大如米粒，酒花在碗中可互相重叠，其酒精度较鱼眼花小。

（3）满花　指酒花大如米粒的1/2，酒花铺满液面，其酒精度低于堆花。

（4）碎米花　指酒花大如米粒的1/3，其酒精度低于满花。

（5）圈花（俗称毛毛花）　指酒花大如小米，酒花在碗中成圈形，酒精度低。

图4-17　“看花摘酒”操作

摘酒时当发现酒的口感不符合要求时，即使酒的浓度高于规定要求也要终止摘酒，以保证酒的质量；同时还要控制好酒的温度，通过调节蒸汽压力或冷却水流量，摘酒的终止温度控制在工艺范围内，确保“高温馏酒”。

（八）鸡汤原理

作为固态发酵工艺，水分在茅台酒生产过程中同时起到环境、介质、溶剂、养分等作用，水分的大小直接影响微生物生长条件，影响原料利用速度和发酵质量。在茅台酒的发展历程中，早期存在“轻水分”和“重水分”之争，实践效果都不理想。后来总结为“鸡汤原理”，即如果用一只鸡来炖汤，水加少了汁虽浓但显油腻不好吃；水加多了太淡，没有鸡汤味也不好吃。

经过不断探索总结，茅台最终选择并确立了合理水分的工艺路线，符合固态发酵本质及茅台酒生产多轮次生产原辅料利用规律。一是对下造沙润粮投水、量水及埂用尾酒用量，及各轮次入窖尾酒用量等工艺参数范围均做了明确的规定，班组充分结合原料及环境因素，在工艺范围内把控好投水量，为各轮次合理水分调控留足空间。二是加强糊化汽压、摊晾面积及时间、堆积发酵程度的管控和考核，保障生产过程水分产生、挥发量可控，确保水分含量合理。三是制定了各轮次出、入窖酒醅水分参考范围，旨在合理控制水分。

二、制酒工装的传统特色

（一）制酒厂房

制酒厂房为一层结构，窖池在中间，晾堂分两边，一栋厂房有四个班组。茅台制酒厂房依山而建，厂房分布广，海拔有落差（图4-18），温度、湿度、通风条件等外在环境均存在一定的差异，这就需要工匠们充分利用自己的技艺，调动、平衡微生物的积极性以适应不同地理条件。例如在海拔较高的制酒厂房则需要合理加快晾堂操作速度，以保障堆积起始温度适宜微生物的生长繁殖；在新投产的生产房，则需要从老生产房转运含有丰富微生物的保窖糟、母糟、尾酒去营造适宜酿造的微生态环境。

图4-18　制酒厂房

（二）制酒设施

制酒设施是微生物的重要载体，茅台酒生产中，“三合土”、“紫红泥”和“中华石”被茅台人称为制酒“三件宝”，为酿酒微生物生长代谢提供了适宜的条件。

1．三合土晾堂

晾堂不仅是粮（糟）醅摊晾、堆积发酵的场地，也是粮（糟）醅微生物接种及培养的重要场所，因此合适的晾堂制作材料要具有适宜微生物附着的特性，同时还具备较强的耐磨性，能够经受住抱斗、铁铲、耙梳等工用具的“千锤百炼”。制酒三合土晾堂（图4-19）具有保湿、吸水、透气等作用。内部介孔微孔体系使晾堂具有较大表面积，可以增大微生物的接种面积。研究发现，制酒晾堂上微生物丰富，真菌组成以产酒酵母为主，进一步溯源发现堆积发酵过程中重要的功能菌毕赤酵母和酿酒酵母等产酒酵母主要都来源于三合土晾堂，进一步佐证了三合土特殊的物理特征赋予了其作为微生物载体的优良性能。

图4-19　三合土晾堂

2．紫红泥

紫红泥（图4-20）用于茅台酒酿造，是茅台酒窖内发酵、成香的关键要素之一。茅台酒生产选用无石块、无杂物、无污染、含沙量低、腐殖质少的本地紫红泥，打碎后加水搅拌，粘连性强，密封性好，用来封窖和制作窖底，能建立封闭的发酵环境，促进有益微生物菌群的生长，隔绝杂菌滋生，形成独有的厌氧微生物体系，促进粮（糟）醅在窖池内实现无氧发酵。

图4-20　窖泥

3. 条石窖

窖池是茅台酒生产的重要设施。茅台酒厂历史上有过三种窖池，即泥巴窖、碎石窖和少数条石窖，做窖材料上有泥巴、碎石、条石，形状上有大有小，有深有浅，大的窖池能装几十甑，小的才能装几甑，窖容不统一。“两期试点”期间，对泥巴窖、碎石窖、条石窖的出酒率和质量进行分析研究，发现泥巴窖含水量大，水分不易掌握，导致基酒质量波动大，酒的风味也不同，偏近于浓香；碎石窖易漏气，易垮塌造成浪费；条石窖坚固耐用、规范，不易漏气，不易垮塌，产质量相对稳定。经过生产实践的反复论证，最终决定淘汰泥巴窖和碎石窖，逐步改造为条石窖（图4-21），并对每个窖的长、宽、深做了统一规定，有利于生产作业的安排，也有利于粮（糟）醅原窖返回和各类生产参数的跟踪分析。当前茅台酒生产的窖池由当地特有的一种石材砌筑，俗称“中华石”，石材取自赤水河畔“中华村”，具有硅元素含量高、耐酸腐蚀性强、不漏水等特点。

图4-21 条石窖

（三）制酒设备及工具

作坊时代，茅台酒生产所用的设备和工具极其简陋和原始，木甑、天锅、木锨就是主要的生产工具，工人就是凭借这些工具以卓绝的智慧和沉重的体力劳动，酿造出举世闻名的茅台酒。1951年成立茅台酒厂后，茅台一直都坚持应用先进技术对设备及工具进行改造，保持传统特色的同时，强化了传统工艺的科学内涵，茅台酒制酒常用的设备及工具有很多，其中酒甑、冷却器、木锨等较有特色。

1．酒甑

现今使用的是不锈钢活动酒甑，可用行车直接下甑，大大降低了员工劳动强度。同时，经过不断优化改进，性能上有一定提升，地锅内的蒸汽盘管为不锈钢五角形，汽孔直径较小，孔距较短，蒸汽分布更加均匀，使蒸汽缓升，减少钻边、冲甑现象，有效改进了酒甑内的热力结构，使之更趋合理，改进后出酒率平均提高了2%。

2．冷却器

茅台酒传统的冷凝方法是用“天锅”冷却，蒸馏取酒时，要将一口底部特制的锅安放在甑体上，天锅的底面接触到底锅里的酒蒸气，酒蒸气在锅里冷却水的作用下，自然凝聚成酒精水珠。这种方法馏酒温度高，酒精及香味成分大量挥发，酒损较大。随着人们对冷却器认识的不断提高，后来改用现在的锡制冷却器，天锅改为甑盖，酒蒸气管道通过天桥管道进入冷却器冷却，酒蒸气聚集成酒流入接酒坛。取酒手段大大进步，冷凝效果达到最佳，摘酒容易看花，浓度控制更精准，产量和质量都得到提升。

3．木锨

早期木锨是用于粮（糟）醅等物料抛、晾、收等操作的工具，由硬质木材制成的锨板呈弧形，前窄后宽，材质具有耐高温、耐潮湿的特性。随着生产技术的提高，逐步开发应用了不锈钢横锨和铁锨等以适应摊晾各环节的工艺特点，并减轻了劳动强度。但在打造环节仍坚持用木锨，一是木质锨体有助于微生物栖息，进而促进晾堂微生物接种；二是木锨相对较厚，不锋利，不易破碎粮（糟）醅颗粒结构。

三、基酒品质的鲜明特征

（一）自然协调的产酒比例

经过多年的生产实践，对七个轮次基酒产量规定了一个合理的出酒比例参考值，总体上“中间高、两头低”，三、四、五大回酒轮次产酒比例合计占全年产酒的60%以上，其余四个轮次占40%不到，每一个轮次都有自己的典型特征，对勾兑来说缺一不可。轮次产酒比例与工艺和气温有着密切的联系，前期轮次高粱整粒较多，淀粉供应少，且气温较低，有利于控制前期产量；中期轮次淀粉经过逐步糊化，营养供给充分，且气温升高，微生物生长繁殖旺盛，是茅台酒产量“中间高”的重要保障。后期轮次，淀粉含量较低，营养相对不足，六、七轮次产量相对低。

（二）丰富多样的基酒风味

茅台酒生产充分根据气候与场地差异，灵活调整微生物生长代谢，生产出轮次特征分明的基酒，犹如采天地之灵气，集日月之精华，利用酿造时节和不同生态位的空间造就生产环节基酒的多样性。

不同轮次基酒，使用不同时节酿制的曲，生产于不同时节、时间所带来的微生物多样性造就了基酒的多样性（图4–22），带来不同的典型风格。茅台酒一至七轮次基酒风格特征各有其典型性。茅台人用人的一生来形象比喻：一轮次的酒就像婴幼儿，活泼好动，酒体略微辛辣；二轮次酒则似二十出头的年轻人，略带青涩，酒体表现出些许酸涩；三轮次酒则似进入而立之年，香和味较为协调，朝气蓬勃但后味还稍显单薄；四轮次酒如同不惑之年，酒体醇厚平和，既富有朝气又兼具稳重；五轮次酒好比知天命的年纪，酒体显得从容淡定，香和味更加平和丰满；六轮次酒，人生耳顺之年，以味道见长；七轮次酒犹如古稀之年，产量越来越少，酒体的焦香味利于空杯留香。

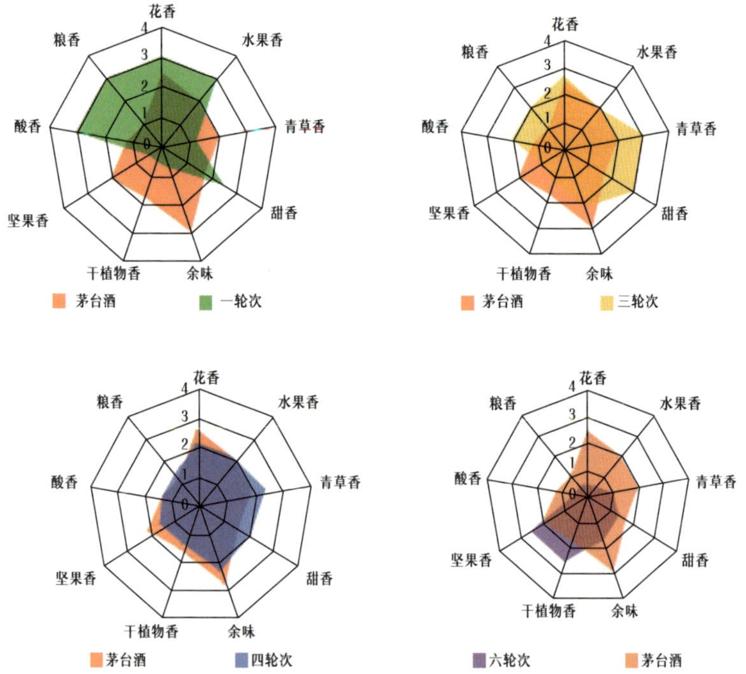

图4-22　基酒风味轮廓图

同一轮次基酒，由于所处的空间生态位不同，会形成统一风格下的风味差异。例如堆积发酵的不同生态位，窖池的不同位置，微生物的群落构成便会有所差异，由此带来上层、中层、底层糟醅风味物质的差异。窖内发酵上层酒醅香味好，味感优雅细腻；中层酒醅香气成分丰富，香味协调平衡；底层酒醅放香好，且带有一定窖香。此外，不同车间、不同班组、不同窖池、窖池的不同位置所产的基酒风味特征也会存在一定差异。

（三）高温馏酒的质量坚守

高温馏酒是茅台酒的工艺特点之一，茅台酒的接酒温度要求达到37℃以上。高温馏酒不但有利于排除大部分杂醇油、硫化物、醛酮类等低沸点刺激性物质，且馏入了大量的酯类、酚类、芳香族、吡喃类及吡嗪类化合物等高沸点物质，这些高沸点物质大部分是高温堆积发酵和高温制曲中产生的茅台酒特有的香味、香气物质，可以增加酒体的酱香和空杯香。茅台酒要求最低接酒温度为37℃，超过人体体温，在接酒过程中排除了大量低沸点物质，这是茅台酒饮后不上头的重要原因之一。一般来说馏酒温度低一点，得到的酒将会多一点，而茅台酒坚持高温馏酒，造成的酒损若换算成经济效益，将是一个极大的数字。但在这一点上，一代代茅台人达成了惊人的统一，坚守“有大舍，才有大得”，舍掉部分的产量，得到茅台酒卓越的品质。这看似矛盾的表象，其实恰恰与茅台所尊崇的“质量是生命之魂”的理念不谋而合，当质量与产量发生矛盾时，产量服从质量，就算在市场旺需的情况下，始终坚持质量第一，一切服从于质量。

（四）三种典型体的科学划分

茅台酒生产经过七个轮次的蒸馏取酒，馏出的酒又分为三种典型体，分别是酱香、窖底、醇甜，各轮次各典型体酒各具特点，再经过精心勾兑，最终形成茅台酒“酱香突出、优雅细腻、回味悠长、空杯留香持久”的风格。

为了更好地进行勾兑，需对基酒进行科学的分型定级。20世纪60年代茅台技术团队摸索规律、完善工艺，在数百种不同轮次、不同酒龄、不同酒精度、不同风味的样品中进行了数千次品尝，并做了不同酒龄酒样的分析检测，最终归纳出了三种典型体酒——酱香、窖底、醇甜。酱香的感官描述为酱香突出、丰满、醇厚、回味悠长；窖底的感官描述为窖香浓郁、醇和、味干净；醇甜的感官描述为酱香明显，醇和、味甜、干净，是茅台酒基酒中比例最高的一种典型体。三种典型体的确立使得茅台酒产品质量更加稳定，也在一定程度上促进了白酒行业质量水平的提升。

第五章

CHAPTER 5

茅台酒勾兑的工艺实践

茅台酒勾兑技艺是品质稳定的压舱石

1965年，我们对茅台的勾酒工作经验进行总结，由我执笔发表了《我们是如何勾酒的》[1]，在行业内首次提出了勾酒和勾兑的概念。文章虽然发表了，说实在的，对于勾酒，我的理解还是不够的，就像雾里看花，总觉得欠点火候。当时茅台酒的勾酒过程也全凭勾酒师傅个人感官的判断，当时就感觉勾兑过程很大程度上是靠“运气”。

如何将勾酒从“靠运气”走向“靠标准”呢？经过十多年的沉淀，我也慢慢地对茅台酒勾兑有了较为深入的认识。1975年同事和我再次以贵州茅台酒厂的名义发表了《茅台酒勾兑浅谈》，对勾兑技术之于茅台酒乃至中国白酒的必要性、重要性和科学性，进行了进一步论述，也成为指导茅台酒勾兑技术发展的遵循和指南。此后随着科技的不断发展，茅台酒勾兑技术也有了长足的发展。1978年，茅台的基酒产量首次突破1000吨大关，此后一直稳定在1000吨以上，有了技术和基酒的储备，于是到了1985年的时候我开始大胆构思开发更高档次的茅台酒产品。1989年我正式提出开发陈年贵州茅台酒的设想，直到1997年陈年贵州茅台酒的正式上市，都是我们勾兑技术发展进步的成果。勾兑是保证茅台酒质量长期稳定的关键因素，茅台酒勾兑技术的发展历程是一个不断实践、总结经验、创新发展和再次实践的循环过程，也是茅台人与时俱进做出的必然选择。

第一节 勾兑对于白酒的必要性和重要性

中国传统白酒酿造是多菌种、多酶系混合式双边发酵，开放式生产。由于生产周期长，受到发酵环境、操作技艺、气候条件等因素的影响，不同季节、不同班组、不同窖池蒸馏出来的基酒，其香味和风格特征也各不相同，存在一定的个性差异。白酒中大约98%的成分是乙醇和水，1%～2%是各种微量成分，这些微量成分虽然占比很少，却是决定白酒不同风格和质量的关键因素。其中的微量成分种类包括酸类、酯类、醇类、醛类、酮类、酚类等，现已知的有一千余种，能够用常规仪器进行定量分析的也达到了几百种。白酒中各种微量成分的含量及其量比关系，以及微量成分与酒的常量成分的缔合紧密程度，决定了白酒的风格特征和质量优劣。所以，为了突出风格和稳定质量，白酒的生产必须进行勾兑，实现物质体系的平衡和香气香味的协调统一，形成独特的产品典型风格。

一、勾兑的定义

勾兑，也称勾调（勾兑调味），用于新产品开发时称为酒体设计，广义上讲是把具有不同风格特点、不同贮存时期、不同发酵周期的基酒，按恰当的比例相互掺和，使之相互取长补短、协调平衡以改善酒质，在色、香、味、格诸方面均达到既定酒样质量标准的过程[2、3]。通俗的说法就是把不同的基酒按一定比例组合掺兑在一起，以保持酒的质量稳定，形成符合感官质量风格标准的成品酒。国内外优质的蒸馏酒都有“勾兑”这道工艺，只是地域不同、生产工艺不同、类型和香型不同，勾兑技术也不尽相同，各个企业都有自己的一套标准和勾兑方法。“勾兑”是一道生产工序，也是一个技术词汇，大家都有这样的工序，但是可能称呼不尽相同。

二、勾兑的意义

白酒勾兑的作用是将不同的基酒通过物理方法组合在一起，使其中物质体系再平衡和香气香味的协调统一，相互补充，形成独特的典型风格。通常白酒的勾兑中各种物质之间的变化有互辅（添加）作用、平衡作用、化学反应和分子重排等[4]。

（一）互辅作用

互辅作用主要是指某些物质组分在某一个基酒中含量较多，显得香气特别浓烈或者口味特别突出，但是在其他基酒中又含量较少，使得酒体香气单薄、酒体寡淡。通过把物质含量高的基酒与含量低的基酒进行勾兑，使含量过高的得到稀释，含量低的得到补充，共同呈现出更加愉悦的芳香和更加丰富的呈味效果，使酒体更加协调完美、风格突出。

（二）平衡作用

平衡是白酒质量的最高要求，酒体物系中醇、醛、酸、酯等的互相平衡，感官特征中色、香、味、格的协调统一，是决定白酒质量的关键，也是白酒对中华传统文化、东方哲学思维的完美诠释。勾兑时，根据基酒的香气、口味、风格的不同个性，添加所缺风格和微量成分的基酒，重新调整酒中原有呈香和呈味成分的含量与比例，促使香味成分向需要的方向移动，消除或降低酒体中的异杂味，增强或突出酒体中需要的香气和风味，最终实现酒体物系和风味的平衡。

（三）化学反应

勾兑过程基酒中的微量成分由于物质体系的变化，打破了原有的物质平衡关系，会发生缓慢的酯化、缩合等化学反应，生成新的呈香和呈味物质，从而让酒体风味质量发生变化。特别是在勾兑完成后返回陶坛贮存过程中的前一到两周酒体再平衡的过程中，化学反应尤为明显，酒体感官风格变化最大。

（四）分子重排

从微观角度来看，酒质的好坏与酒中分子的排列顺序有一定关系。白酒中各种香味成分有不同的特点，有的亲水，有的疏水，有的既亲水又疏水；有的分子具有强极性，有的分子又是非极性的。勾兑过程基酒中所含的醇、醛、酸、酯、酮、酚等微量香味成分的量比关系发生改变，各分子重新排列组合，改变了原来状况，阈值发生了变化，突出了一些微量香味成分的呈香呈味作用，同时也有可能掩盖了另外一些分子的呈香呈味作用，实现丰富完善酒体的作用。

勾兑后的酒体香气、味道、风味得到了平衡、补足，一些不愉快的香气或味道得到修饰和掩盖，理化指标更为合理，风格和质量得到了稳定，这就是勾兑的意义所在。

三、勾兑的基本原理

白酒中各种微量成分的含量多少和适当的比例关系是构成各种名优白酒风味和香型的重要组成部分。各种白酒的微量成分有许多共同点，也有其特殊性（特征组分），要善于分析、总结，这是做好白酒勾兑的重要基础工作。

（一）浓香型白酒勾兑原理

浓香型白酒的香味组分中，酯类成分约占香味成分总量的60%；有机酸类占14%～16%；醇类约为总量的12%；羰基化合物（不含乙缩醛）则占总量的6%～8%；其他类物质仅占总量的1%～2%。在酯类成分中，己酸乙酯是其特征组分，但必须与乳酸乙酯、乙酸乙酯、丁酸乙酯的比例协调，方能突出其典型性。有机酸是浓香型白酒中重要的呈味物质，其四大酸比例的顺序一般为乙酸>己酸>乳酸>丁酸。浓香型白酒的风格应是：窖香浓郁（或称芳香浓郁），具有以己酸乙酯为主体、纯正协调的复合香气，入口绵甜爽净，香味协调，回味悠长。在浓香型白酒中，有两个不同酒体风格的流派，即以苏、鲁、皖、豫等地区的俗称纯（或淡）浓香型和以四川为代表的“浓中带陈”型。因地区、气候、水土、微生物区系及工艺上的差异，这两大流派的酒各有微妙的独特风格。此外，浓香型白酒中还有单粮型和多粮型，主要是原料不同形成风味差异[5-9]。浓香型酒厂（如泸州老窖酒厂）传统的坛内勾兑法是以麻坛（土坛）为容器，各种容量不等的竹提为工具，一坛一坛地进行勾兑。选择一坛（或几坛组合而成）基本具备本厂产品风格的基酒，用竹提舀入能弥补其不足的另外几坛酒，混匀后品尝，使其能基本达到本厂产品的标准，这是浓香勾兑技术的雏形。目前一些小厂或初学勾兑者仍采用此法。随着生产销售量的扩大，逐坛勾兑法又变成两坛或多坛勾兑。所谓多坛勾兑，就是根据尝评结果，选用几坛能相互弥补各自缺陷、发挥各自长处的酒进行勾兑[10-16]。

（二）酱香型白酒勾兑原理

酱香型白酒的生产周期和贮存时间长，轮次多，使得其所含有的物质组成在所有白酒中最为丰富，迄今仍未找到其主体香物质，因此难以单纯地从理化指标或各类物质的大致含量占比去分析指导勾兑。通常来说前期一、二轮次基酒香气更为丰富轻盈，口感相对较硬，主要用于增香；中间三、四、五轮次的基酒香气丰满幽雅、口感醇厚，是形成酒体风格的基础；后期六、七轮次基酒相对前期轮次香气较为平淡但口感更为醇和多样，多用于增味。“醇甜”类型的基酒醇和、味甜、干净，当中的多元醇类物质含量相对较多，可增加酒体的醇甜回甘；“酱香”类型的基酒酒体丰满、醇厚、回味悠长，可以同时调节酒体的香味；“窖底”类型基酒中以己酸乙酯为主的酯类物质含量较高，水果香、花香和曲香较好，能够增加酒体的幽雅程度。此外，酱香型白酒勾兑适量加入一定比例的老酒，可以增加酒体的醇厚、柔和感，但是老酒的使用也不宜过多，过量的老酒会破坏新老酒体的缔合，影响酒体的风格。典型的酱香型白酒应香气幽雅细腻，酒体醇厚丰满，回味悠长，香和味协调平衡，空杯留香持久[17、18]。

（三）清香型白酒勾兑原理

清香型白酒香味组分的总量在大曲白酒中是属较少的一类。这类白酒的香味组分仍是以酯类占绝对优势，其次是有机酸类、醇类、羰基类化合物。清香型白酒的总酯含量与总酸含量的比值超过了浓香型白酒相应的比值，它们的比值大约为5∶1。在酯类化合物中，乙酸乙酯占绝对优势，是其特征组分，但必须与适量的乳酸乙酯配合，才能保证其质量和风格的典型性。此外，丁二酸二乙酯也是清香型白酒酯类组分中较重要的成分，由于它的香气阈值很低，虽然在酒中含量甚少，但它与β-苯乙醇组分相互影响，赋予清香型白酒香气的特殊风格。清香型白酒中的有机酸以乙酸和乳酸为主，通常占总酸的90%以上，是保证酒体醇甜、绵软、协调的重要物质。此外，清香型白酒中乙缩醛具有爽口的特征，它与正丙醇共同构成清香型白酒爽口带苦的味觉特征。因此，清香型白酒在勾兑时，要特别注意醇类物质与乙缩醛对口味的影响[19]。典型的清香型白酒具有以乙酸乙酯为主的协调复合香气，清香纯正，醇甜柔和，自然协调，余味爽净。

（四）米香型白酒勾兑原理

米香型白酒是以大米为原料，小曲为糖化发酵剂，经固态培菌糖化、液态发酵、蒸馏而成。因其酿造工艺相对较为简单，发酵期也短，并且是在半固态状态下发酵，故其香味组分相对较少，有如下几个特点：香味组分总含量较少，总醇含量超过总酯含量，酯类中乳酸乙酯含量最多，超过了乙酸乙酯的含量；醇类中异戊醇含量最高，正丙醇和异丁醇的含量也相当高，其中异戊醇和异丁醇的绝对含量超过了浓香型和清香型白酒中高级醇的含量；有机酸中以乳酸为主，其次为乙酸；羰基类化合物含量较低。典型的米香型酒的风味特征：闻香有以乙酸乙酯和β-苯乙醇为主体的淡雅的复合香气，入口醇甜，甘爽，落口怡畅。在口味上有微香的感觉，香味持续时间不长，香气上突出淡雅的蜜香[20]。

第二节 茅台酒的勾兑实践

一、茅台对勾兑的认识

茅台酒生产工艺的复杂性、微生态的差异性、基酒的多样性，带来了基酒中丰富的风味物质组成，为了保持茅台酒的风格和质量稳定，必须进行勾兑。经过历代茅台勾兑师的不断实践与总结，茅台勾兑人员逐步掌握了茅台酒勾兑过程中基酒之间、物质之间、香气之间、香味之间的平衡之道。茅台的勾兑师利用灵敏的感官和精湛的技艺来协调、平衡各个基酒个性与共性的表达，形成和保持自己的典型风格特征和稳定的产品质量，这中间不仅蕴涵了中国传统文化兼收并蓄的智慧，更是协调之美的最好体现，是理论与实践的融合，是技术与艺术的结晶。

（一）工艺的复杂性

茅台酒的生产顺天应时，遵循春夏秋冬的节气交替规律，端午踩曲、重阳下沙，一年一个生产周期，九次蒸煮、八次发酵、七次取酒。整个过程是边糖化边发酵的“双边”开放式发酵，是最为复杂的酒类酿造工艺，是多因素、多变量协同作用产生的结果。例如：当天的气温、湿度、原料的各种成分及水分的含量、各班组人力的区别、工艺操作的细微差别等，均会使得基酒的风味物质含量和感官表现存在细微的不同。不同轮次的基酒在感官表现上有的酸一点、有的甜一些，有的香气细腻、有的酒体醇厚，在保持茅台酒基酒风格特点的基础上，各有各的特点，各有各的个性，千姿百态，非常精妙。

（二）微生态的差异性

茅台由于不同车间投产的时间不同、所处的位置不同等因素的叠加，使得茅台不同车间、不同班组、不同窖池的局部酿酒微生态不可能完全一致。因此不同的车间、生产厂房、班组，即使同一班组同一个窖池生产出的基酒，窖面、窖中和窖底部在总体共性风格基本一致的情况下，局部个性上也是各具特色。微生态的多样性奠定了基酒多样性的基础。

（二）基酒的多样性

从轮次上看，茅台酒的基酒有一到七个不同的轮次。从类型来说，经过历代勾兑师们不断总结与传承，七个轮次的基酒又分为“酱香”“醇甜”“窖底”三种典型体，当中又可细分为一等酱香、二等酱香、一等醇甜、二等醇甜、二等窖香、三等窖香等不同等级，每年的基酒生产出来后，由勾兑师与品酒师共同进行人工品评基酒分级（图5-1）。茅台特有的“以老带新、以酒养酒、边勾边存”的“连锅汤”工艺，复合留存了各个不同时期、不同酒龄的老酒，各种不同酒龄的盘勾酒、勾兑酒等，进一步丰富了茅台酒基酒的多样性。

图5-1 基酒品评分级

从20世纪60～70年代采用纸上层析解析茅台酒中的风味物质开始，到后面的气相色谱分析、质谱分析、全二维飞行时间质谱、串联质谱、风味物质的系统解析、风味导向技术、风味相似度评价等分析技术的发展运用[20、21]，茅台人一步一步地揭开了茅台酒微量成分组成的神秘面纱。从开始发现的几种酸、酯类化合物，到后来发现的几十种挥发性物质，再到近些年检测到的几百种和最新研究的几千种风味物质，茅台酒是迄今中国白酒中风味物质最为丰富的酒体，也远超世界上驰名的其他各种蒸馏酒。这得益于丰富的基酒多样性和精湛的勾兑技艺保持的一致性和稳定性。不断的科学研究在揭示茅台酒酒体复杂性的同时，也论证了勾兑的科学性，为茅台酒勾兑技术的实践发展提供了科学指导。

二、茅台酒勾兑实践的发展历程

茅台是最早总结提出“勾酒”和“勾兑”这个技术说法的白酒厂家，自1965年系统梳理和总结提出勾兑以来，经过几十年的继承、创新和发展，不断地实践、总结经验和再实践，形成了现在不同轮次、不同典型体、不同等级、不同酒精度、不同酒龄的基酒以一定比例组合的勾兑工法。整个勾兑过程采用以酒勾酒的方式，除了低度酒需要加浆降度以外，不使用包括水在内的任何外加物质[22、23]。茅台酒的勾兑技术大致可分为起源、发展、成熟和精进几个时期，茅台酒勾兑经历了从酒师将勾酒经验视若珍宝、口口相授、密不外露，一次勾兑几百斤；到小范围技术讨论交流互相精进，一次勾兑几吨；再到形成技术文字规范，一次勾兑上百吨的现代化发展演进过程。茅台酒勾兑技术的传承与创新、勾兑能力和规模不断提升的发展历程就是茅台发展的缩影。勾兑从几百斤到上百吨，茅台酒厂也从39名员工、年产75吨的小作坊，发展成为今天拥有4.3万名员工、年产5.6万吨的现代化企业，创造了业内称奇的“茅台现象”，跑出了社会称赞的“茅台速度”[24]！

（一）茅台酒勾兑的起源期

茅台酒传统工艺被历代酒师视为祖传秘技，勾兑技术作为茅台酒酿造技艺中最为重要的工艺环节，更是这项秘技中最为瑰丽和神秘的章节，一直保留着口授身传、师徒相承的传承方式。1965年之前，茅台勾酒有专门的勾酒师傅负责，勾酒的同志每天泡在库房里品评各种基酒，并用粉笔在酒坛上做只有自己才能看懂的记号，勾酒时再到库房现场逐坛品评确认，并根据经验确定基酒的选取和使用数量。打酒的过程不发一言，生怕自己勾兑的绝招被别人听到偷师学去，他们通过传统“敲坛次数”传递用酒量的信息，徒弟们拉着装有竹编酒海的牛车，按师傅的“暗号”将指定酒坛里的酒加入酒海中，然后用竹制“酒耙”进行人工搅拌后，即完成酒体的勾兑。待勾兑的酒样符合感官要求，按比例放大至150～200kg，然后送评酒委员会感官评审合格了就可以包装出厂。

（二）茅台酒勾兑的发展期

1．基酒分型

随着茅台酒生产规模的扩大，原有的勾酒方式已经不能适应当时的生产要求。“怎么能使茅台酒的质量更加稳定?”“能不能摸出规律呢?”“勾兑能不能由大量试验探索转变为导向明确的酒体设计呢?”茅台人展开了一系列问题的思考与研究。

1963年起，为了破解这些问题，茅台组织领导干部、技术人员、经验丰富的工人组成“三结合队伍”对库存酒进行了持续一年多的感官品质摸底。根据“三结合队伍”提出的意见，结合群众的喜爱程度，从感官特征上将基酒划分为三种类型：一种是闻香、口味均有突出的“酱”香的基酒；一种是常产于窖底，香味最浓，最受群众欢迎的基酒；另一种是有比较浓的醇甜味，口感可口、香味柔和舒适的基酒。茅台人分别比较形象地将它们命名为酱香型、窖底型、醇甜型，为基酒资源的分类使用打下了基础。

从感官特征上确定基酒分型后，继续进行大量勾兑实践验证这种分型的合理性。将三种典型体基酒按不同比例进行勾兑，勾兑好后请工人、酒师、技术员、领导及茅台当地的茅台酒老饮家品尝，前后进行了一百多次勾兑和品尝才确定了一个较合理的勾兑比例范围。在这个比例范围内勾兑出来的酒能很好地保持茅台酒固有的感官风格特征。如果超出这个比例，勾兑出来的酒样不是感官品质变差就是改变了茅台酒的固有风格。如窖底香味，根据大家的喜好，喜欢多加一点，香气厚重一点，但多加了会出现涩味，再多就改变了茅台酒的固有风格，少加了香气会变差。

通过不断地勾兑实践验证和总结，在一定程度上证明了分型的合理性。1964年国家轻工业部组织的茅台试点组对这三种典型体的成分做了大量分析，结果发现：酱香型基酒所含的芳香族化合物比其他两种类型要多；窖底型基酒的己酸及己酸乙酯含量高，浓郁的己酸乙酯的香气呈现的是突出的“窖香”；醇甜型基酒多元醇含量高，多元醇具有甜感（表5-1、表5-2、表5-3）。三种典型体特征物质的定性和定量分析，为基酒分型提供了科学依据和指导，为茅台酒勾兑技术的正式提出奠定了基础。

为固化已有的勾兑经验和做法，茅台首次总结发表了介绍茅台酒勾兑技术的论文——《我们是如何勾酒的》，在中国第二届名白

表5-1　不同典型体茅台酒基酒中的芳香族化合物

化合物 / 香型	4-乙基愈创木酚 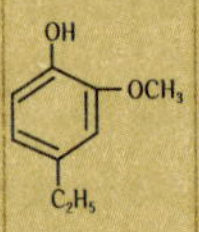	酪醇 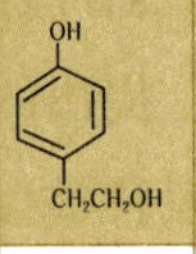	香草醛 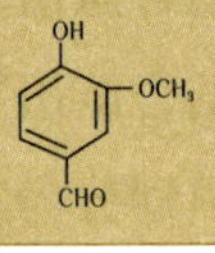	阿魏酸 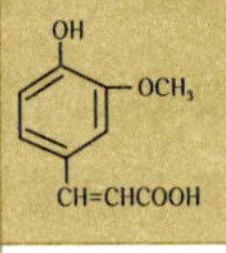	香草酸 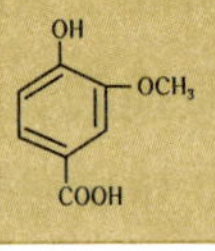	丁香酸 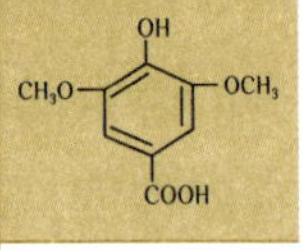
酱香型	++++	++++	++	+++	++++	++++
窖底型	++	+	++	+++	++	++
醇甜型	+	–	+	++	+	+

注：“+”表示检出，“+”越多表示量越多，“–”表示未检出，表5-2、表5-3同。

表5-2 不同典型体茅台酒基酒中的酸酯化合物 单位：mg/100mL

香型＼化合物	丁酸 $CH_3CH_2CH_2COOH$	丁酸酯 $CH_3CH_2CH_2COOR$	己酸 $CH_3(CH_2)_4COOH$	己酸酯 $CH_3(CH_2)_4COOR$	辛酸 $CH_3(CH_2)_6COOH$
窖底型	5.7	痕迹	12.3	+++++	痕迹
酱香型	1.5	痕迹	1.9	+	痕迹
醇甜型	+	痕迹	痕迹	++	痕迹

表5-3 不同典型体茅台酒基酒中的多元醇化合物

香型＼化合物	丙三醇 $C_3H_8O_3$	丁四醇 $C_4H_{10}O_4$	戊五醇 $C_5H_{12}O_5$	己六醇 $C_6H_{14}O_6$
醇甜型	++++	–	+++	++++
窖底型	+++	+	+	+++
酱香型	+	–	+	+++

酒技术协作会上首次明确提出白酒“勾兑”的工艺，并对茅台酒勾兑工作进行了专业阐述。茅台酒基酒的“分型”对中国白酒香型的划分提供了参考，勾兑技术的总结论述很大程度上推动了行业勾兑技艺的发展。

2.“连锅汤”工艺的形成

茅台酒的勾兑必须使用一定数量的老酒，但是茅台基酒如何变成老酒，什么样的贮存方式才有利于基酒的老熟，茅台人进行了大量的试验。随着对茅台酒贮存过程中感官变化的研究不断深入，茅台的勾兑师傅又发现由于陶坛有着独特的网状毛细孔结构，就像人身上的毛细血管网络，使得存放其中的茅台基酒与外界保持着恰到好处的沟通。空气少量缓慢地进入酒体，为酒体中易挥发成分提供“逃离”的通道，而有利于茅台酒醇厚风格及形成空杯留香的难挥发成分却在少量氧气的帮助下，悄悄进行着氧化还原反应，这“一出一进”，使得茅台酒经过贮存后会变得酱香更加突出、酒体更为柔和、香气香味更加丰富、回味更为悠长。经过长期观察，结合总结的勾兑规律，勾兑师傅一致认为陶坛贮存有利于基酒的老熟，而老酒在勾兑中有着不可替代的重要作用，于是决定使用陶坛长期贮存老酒以提升基酒品质（图5-2）。但也正是由于陶坛的微孔透气结构，使得老酒中的小分子物质“逃逸”出去，导致老酒的酒精度下降、香气变淡等问题出现。于是勾兑师傅开始慢慢尝试以较老的基酒，组合较新的基酒，通过勾兑师傅精湛的技艺把老酒醇厚的口味和较新基酒丰满的香气融合，再通过一定时间贮存实现完美缔合。结果发现这样的方式贮存老酒既可以解决老酒长期贮存香气变淡和酒精度下降的问题，又可以弥补长期贮存造成的基酒损失，最为重要的是还可以进一步丰富老酒的香气香味、提高老酒质量，于是就慢慢固化下来形成了“以老带新、以酒养酒、边勾边存”的“连锅汤”勾兑和贮存工艺。这些“连锅汤”的基酒一部分会用于当年茅台酒的勾兑，一部分又会定期以“连锅汤勾兑”的模式留存下去，周而复始、不断涵养，淬炼出了茅台酒的卓越品质，这是茅台酒香气幽雅细腻和酒体醇厚丰满典型风格的关键，更是传承茅台历代勾兑师傅匠心、赓续茅台酒岁月醇香的独特魂脉[25-29]。

图5-2　贵州茅台酒20世纪50年代贮存库房

3．感官+理化的质量评价

随着时代的发展，茅台的勾兑师傅之间也有了技术探讨交流，不断地总结提炼逐渐形成了茅台酒勾兑技术规则，每一批茅台酒勾兑都要使用一至七轮次、不同典型体、不同酒龄的基酒，勾兑方式也发展为从库房取样到小型勾兑室调配小样，并使用调味酒、老酒带新酒的方法对小型勾兑样品进行调整。为把好出厂酒的质量关，茅台科研所开始对每批出厂酒样进行理化检测，初步建立起感官与理化相结合的质量评价方法。从20世纪60年代开始，茅台就建立起了出厂产品“感官+理化”的质量评价体系，为保障茅台酒勾兑质量起到了很好的保驾护航作用（图5–3）。

图5–3　20世纪60年代茅台酒厂领导与技术人员品评场景

4．勾兑室的成立

1978年，茅台酒的基酒产量首次突破1000吨大关，产能扩增后，如何确保批次之间质量的稳定性引起了茅台高度重视。由于勾酒工作对品评、勾兑技能及经验要求高，培养周期长，培养难度大，经多方协调，组建了生产副厂长李兴发同志为首的五人勾酒小组，开启了不同轮次、不同酒龄基酒的勾兑比例范围的探索，勾兑核心技术也逐渐形成。1979年，勾兑从包装成品班分离，正式成立酒库车间，招聘了第一批专职勾兑人员。1981年，酒库车间下设小酒室，同时设立勾兑老师岗位，真正实现用专业的人来做专业的事情[30、31]。

（三）茅台酒勾兑的成熟期

1．茅台酒陈酿原理的研究

1980年，茅台技术人员对如何评价“老熟”程度这个复杂问题进行了研究，发现不同典型体酒样在贮存过程中电导率不断增加，电导率的变化是各种物理化学变化的综合表现，可以反映酒的“老熟”程度（表5-4）。贮存勾兑是关键，过去总认为通过贮存能使酒体更加细腻、醇和，易上口，但窖底香型基酒不宜贮存。通过长期观察认识到茅台酒通过贮存能使酱香风格更加突出，这可能有两个方面的原因：一是在贮存过程中发生了一系列物理化学变化，形成了新的酱香物质；二是香味成分间互相烘托。所以茅台酒特别强

表5-4　不同年份茅台酒的电导率

香型酒入库年份＼测定项目		测定温度/℃	酒精度/%vol	总酸/（g/100mL）	总酯/（g/100mL）	电导率（平均值）/（1/kz）
1979年	A型香酒	27.4	57.2	0.1263	0.3215	0.064
1978年		27.2	55.2	0.1970	0.3562	0.094
1977年		27.1	56.3	0.2057	0.3393	0.099
1976年		27.1	55.7	0.2284	0.3277	0.105
1975年		27.2	56.8	0.2583	0.3296	0.101
1979年	C型香酒	27.0	57.0	0.1428	0.340	0.076
1978年		27.3	56.0	0.1709	0.3446	0.088
1977年		27.6	54.2	0.1746	0.2712	0.103
1976年		26.8	56.0	0.2058	0.3167	0.101
1975年		27.5	57.0	0.2186	0.3249	0.110
1979年	B型香酒	27.4	58.2	0.2273	0.4221	0.070
1978年		27.4	56.0	0.2286	0.4112	0.095
1977年		27.1	55.2	0.2196	0.3489	0.105
1976年		27.0	56.3	0.2981	0.3570	0.110
1975年		27.3	56.1	0.3010	0.3492	0.118

调要有一定的贮存期，否则风格就不够典型。大曲酱香型酒经过贮存，酱香风格更加突出，即使是浓香型酒，经过长期贮存，也会出现酱香风格[32]。

2．新技术、新设备的运用

1975年，在第三届名白酒技术协作会上，汪华同志代表茅台酒厂宣读了《茅台酒勾兑浅谈》的文章，在全国进一步掀起了“勾兑”的热潮，大大推动了酒类生产技术的进步。同时创立的茅台酒生产过程的盘勾工艺，使茅台酒勾兑工艺更科学合理，对稳定和提高茅台酒质量起到了至关重要的作用。20世纪90年代，茅台一方面从美国、日本等引进具有国际先进水平的质谱、色谱检测仪器，另一方面开始启动ISO9000系列国际标准的达标认证工作，进一步推动了勾兑工艺向规范化、标准化发展[33]。

3．陈年贵州茅台酒的开发

20世纪80年代中后期，茅台勾兑技术更加成熟。随着“茅台酒越陈越香”的观念越来越深入人心，基酒产能的提高，以及勾兑师傅始终坚持有意识地留存老酒用于勾兑，公司库存的勾兑酒、盘勾酒以及3年以上基酒的资源逐渐丰富。有了技术和基酒储备，结合当时只有普通茅台酒和珍品茅台酒两个档级产品，产品结构相对单一，不能满足市场对更高质量和档次产品的需求。1985年，茅台根据茅台酒国内外销售市场上的实际情况，学习借鉴法国白兰地和苏格兰威士忌产品开发及质量等级划分的先进做法，萌生了开发茅台威士忌、陈年贵州茅台酒等一系列产品的想法，以便满足不同层次消费人群的消费需求。1989年，茅台正式向市场公开了开发陈年贵州茅台酒的计划。随后，针对究竟开发几款产品、质量等级如何划分的问题进行了反复论证。1995年，以茅台获得“巴拿马万国博览会奖章80周年”为契机，最终确定了开发四款陈年贵州茅台酒产品，即15、30、50、80四个质量档级产品。经过工程技术人员和勾兑师傅的反复摸索、精心设计，1997—1999年期间陈年贵州茅台酒系列产品逐步上市，这也标志着茅台的勾兑技术进入了成熟时期。

（四）茅台酒勾兑的精进期

跟随着国家经济发展的脚步，茅台酒的基酒产能也进一步扩大，从1978年的1068吨到2003年的万吨梦圆，用时25年，到2011年的3万吨，用时3年。产能规模的快速扩增，基酒数量的不断增加，对勾兑技术再次提出了更高的要求。特别是1994年后，茅台先后通过质量体系、食品安全体系认证，由此进入全员全面全过程的质量管理阶段。质量管理的全面提升对各个工艺环节的管控也提出了更高的要求。

1．勾兑技艺的传承与创新

在勾兑技术方面，茅台一直秉承勾兑成熟期总结固化下来的技术规范。一是每批茅台酒的勾兑都必须使用一至七轮次，不同典型体、不同酒龄的基酒，坚持“连锅汤”的勾兑方式，使用老酒带新酒的方法对小型勾兑样品进行调整。二是根据基酒的生产规模，为更好地开展勾兑工作，在兼顾基酒丰富度的同时，将盘勾单元提升至10吨，勾兑每批茅台酒的基酒数量由70个增加至百余个，更好地与基酒产能扩增相适配。三是在做好保密的同时，按照勾兑流程完善每批次茅台酒从小型勾兑到大型勾兑的原始记录，实现勾兑全过程可追溯。此外，随着茅台对核心技术的重视程度不断加强，茅台的勾兑人员得到了更多更系统的培训机会，通过品评、勾兑劳动竞赛等方式以赛促训，勾兑师们的专业技术能力提升明显，涌现了许多勾兑标兵、品评标兵，形成了“比、学、赶、帮、超”的良好氛围。这段时期也是茅台酒勾兑技术的精进期，并形成了“八字”勾贮工法要诀（图5–4）。

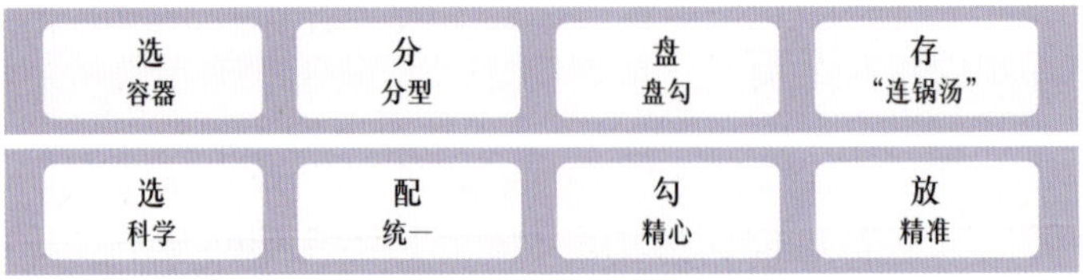

图5–4　贵州茅台酒“八字”勾贮工法要诀

2．不断革新勾兑工艺与设备

为了保证大型勾兑的质量，茅台对大勾设备持续进行技术升级，以实现小型勾兑方案的精准复制放大。2003年，茅台开始开发酒库信息管理系统，引进智能流量计，记录酒库车间工艺流程环节信息，提升生产效率的同时保证了罐车大型勾兑更为精准。2008年，为解决小容器勾兑批次多、质量易波动及效率不高等瓶颈性问题，在保持茅台酒传统核心勾兑技术的基础上，从系统设计、物流流通、信息传递、程控技术、脉冲气动调和技术以及勾兑方案等方面进行了自动化大容器勾兑技术研究与应用。通过程序控制精准计量、阀阵自动分装的方式将基酒分配到各个勾兑罐（图5–5），并采用行业内先进的脉冲搅拌系统对酒体进行充分搅拌，实现勾兑罐中酒体质量的一致性。这些新技术、新设备的研究应用，为茅台酒的勾兑技术进步和实践应用提供了强有力的技术保障。茅台酒的单批次勾兑能力也由罐车单次勾兑量7吨增长至单罐勾兑量120吨，确保了茅台酒的批次稳定性。

图5–5　现代化大型勾兑设备阀阵控制系统

3. 逐步完善勾兑质量评价体系

2005年，茅台通过研究建立了近红外透射光谱与气相色谱相结合鉴定茅台酒真假的方法与流程，并建立了茅台酒的指纹图谱，用于辅助评价茅台酒勾兑质量的稳定性[34、35]。2008年，通过引入相似系统理论，计算出茅台酒气相色谱图的相似度，从整体上对茅台酒的稳定性进行了评价。同时，通过主要色谱峰特征值的确立，从局部上限定了茅台酒代表性微量成分的变化情况。将两者结合，建立起一个比较稳定且严格的评价体系，对茅台酒的勾兑以及真假酒判别上有了较大的指导意义。2013年，茅台在前期近七年风味研究的基础上，构建了茅台酒的风味轮廓图，形成风味导向的出厂产品的质量稳定性评价体系。经过长期的监测发现，普通茅台酒批次之间、陈年贵州茅台酒批次之间的相似度均在90%以上，产品质量稳定性良好，从科学上证明了茅台酒工艺的稳定和勾兑技艺的精湛，这也从另一个方面例证了茅台勾兑技术进入了精进期。

三、茅台酒勾兑实践的特点

（一）茅台酒勾兑的平衡性

勾兑对传统发酵白酒来说是必不可少的环节，对于茅台酒，勾兑的意义更是非同一般。茅台酒的“三高两长”、多轮次发酵工艺，决定了它是最为复杂的白酒酿造技艺。制曲过程中历经低温、中温、中高温和高温发酵阶段，赋予了茅台酒大曲最为复杂的物系、酶系和菌系。制酒工法中的多轮次、高温堆积、高温馏酒，使得茅台基酒中的风味物质组成更为复杂、风格更为多元。诸多因素、诸多变量协同作用叠加产生的结果，使得基酒的风味物质含量和感官表现存在极为丰富的个性特征。从茅台目前几百个班组、几千个窖池来看，不用说每个车间、生产厂房、班组，即使同一班组同一个窖池生产出的基酒，窖面、窖中和窖底部都是有差别的，总体共性风格基本一致的情况下，局部个性上各有特色，基酒在保持共性特征的同时，还存在多姿多彩的个性特点[36-38]。面对如此多样、复杂的基酒，在勾兑发展的初期，茅台的勾兑师在仅凭感官来一坛坛鉴别酒体质量风格的情况下，通过技术平衡基酒多样性，仍然保证了茅台酒质量风格的一致和稳定。国家轻工业部食品发酵工业科学研究所的胡国栋教授从1989年开始，曾对茅台酒进行了长达20年的产品质量跟踪检测，运用最先进的气相色谱分析，结果发现茅台酒色谱骨架成分含量20多年来一直保持稳定。在检测分析技术还不够先进的年代，仅仅依靠勾兑师的感官和传统勾兑技艺来实现产品体系的不断完善和产品质量的长期稳定，这得付出多么艰辛的努力！而这些也无不体现茅台勾兑师令人叹服的精湛勾兑技艺，因此茅台酒的勾兑是平衡艺术的极致呈现。

（二）茅台酒勾兑的科学性

茅台酒勾兑是一个不断继承和创新的过程，要勾兑出一瓶细腻幽雅、醇厚丰满、风格典型、质量稳定的茅台酒，不仅需要勾兑师平衡逾千种风味物质，同时要求勾兑师具备立足传统、不断创新运用各种新技术、新方法的能力。

茅台通过采用多维度的评价机制，严控勾兑各相关环节，从基酒的分型定级、勾兑小样方案的确定，到大型放大勾兑的质量评价，“数据+感官”综合评价模式始终贯穿整个勾兑过程。通过采用车间级、公司级层层质量审核机制，确保了茅台酒的勾兑质量稳定。通过对近十年（2013—2023年）1400多个出厂批次茅台酒风味相似度的跟踪调查，茅台酒的批次相似度在90%以上（图5-6），彰显了茅台酒勾兑的科学性和极致的多维工艺美学。

（三）茅台酒勾兑的人文性

茅台酒的勾兑是有温度的，具有深厚的人文内涵，特别是在勾兑技艺的传承上。都说凡学百艺，莫不有师，茅台酒勾兑技艺的传承，也得益于老一辈勾兑师口传心授、谆谆教导，在青蓝相接中凝

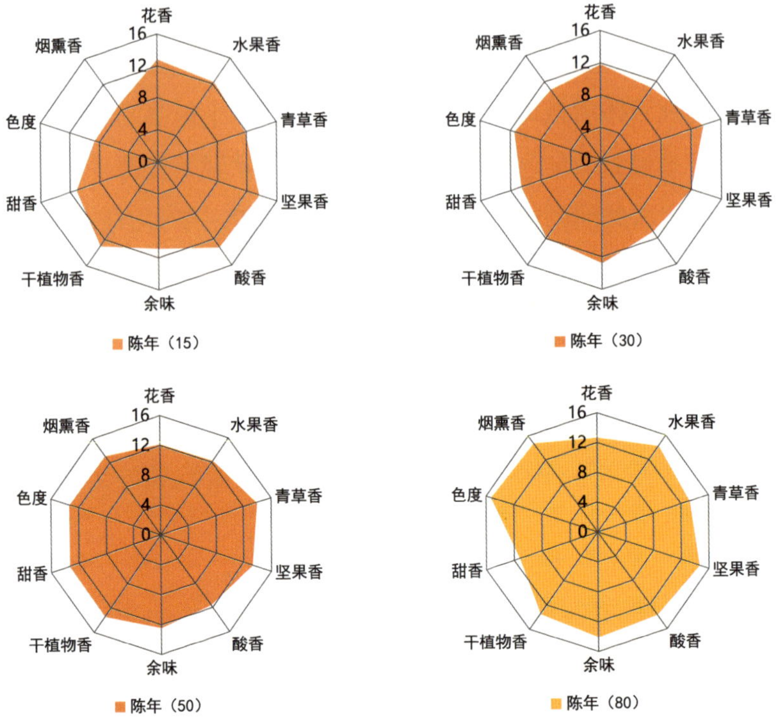

图5-6　陈年贵州茅台酒系列风味轮廓图

聚青春力量，让茅台酒勾兑技艺能够薪火相传。同时，每一瓶茅台酒里蕴含的“连锅汤”的基酒，也是一代代茅台前辈们技艺的“流淌”和传承。

茅台的师徒结对和出师，是相当严格的，要经过层层考验，作为茅台酒厂的核心技术，对勾兑师的要求更高、更严。茅台的每一位勾兑师都是经过制曲、制酒、质检等生产技术岗位的层层历练，再经过上千人到几百人再到几十人最终也就三五个人入选的层层选拔。要成为勾兑师，可谓是千里挑一，不仅必须具备灵敏的感官、扎实的理论知识储备，更需要刻苦钻研、精益求精的精神品质，还要有创造力和悟性，否则勾出的酒体就呆滞、不灵动。茅台勾兑师的出师考核也是充满艰辛，常年累日的艰苦训练，通过层层考核，还要经过两到三年的实习期，直到能独立稳定勾兑出合格的茅台酒，方可出师。每一瓶茅台酒经过茅台酒勾兑师自身勾兑技艺的演绎，为茅台酒注入了灵魂，让每一瓶茅台酒都能够和而不同，既拥有茅台酒主体特征，也拥有勾兑师自身的技艺创作和个性人文表达。因此，茅台酒的勾兑不仅是理论与实践的融合，更是技术与艺术的结晶。

参考文献

1. 季克良. 我们是如何勾酒的［C］. 第一届名白酒技术协作会，1965.
2. 佚名. 白酒的勾兑和调味［J］. 中国酒，1998（4）：53.
3. 张国强. 白酒勾兑一词谈［J］. 酿酒，2019，46（4）：4-6.
4. 张松英. 简析白酒的品评勾兑与调味［J］. 酿酒科技，2012，（4）：76-79.
5. 胡志平. 浓香型白酒在陈酿过程中的酒质变化［J］. 酿酒科技，2005，（12）：35-37，+40.
6. 宋瑞滨. 浓香型低度白酒在贮存期酒质稳定的研究［J］. 酿酒科技，2004，（6）：53-54.
7. 林昌兴，黄微，吴艳艳. 浓香型白酒的勾兑和调味浅析［J］. 现代食品，2018，（6）：145-147，+160.
8. 蒋育萌，尹天贵，范前辉. 浓香调味酒生产技术的探讨［J］. 酿酒科技，2010，（12）：43-44.
9. 冯敏. 浓香型白酒缩短贮存期的技术研究［J］. 福建轻纺，2016，（11）：46-48.
10. 严国兵. 浅析浓香型新型白酒的勾兑与感官［J］. 现代食品，2020，（19）：59-61.
11. 邢晓晰，邢晓燕，董军霞. 白酒在贮存过程中的变化［J］. 酿酒科技，1994，（5）：37.
12. 段姗姗，陈发俊. 从古井贡酒制作技艺革新看传统技艺传承与演变的社会成因［J］. 科教文汇（中旬刊），2013，（20）：73-76.
13. 李冰川，张强，王开国，等. 浓香型白酒贮存过程中的酸酯动态平衡研究［J］. 酿酒科技，2018，（12）：92-96.
14. 吴士业，冯治平. 贮存期浓香型白酒微观形态变化探讨［J］. 酿酒科技，2007，（11）：32-33.
15. 仝建波，陈洋，程芳玲，等. 浓香型白酒贮存过程香味成分变化规律的研究［J］. 酿酒科技，2010，（10）：17-18，+22.
16. 赵国敢. 洋河大曲原酒贮存研究初探［J］. 酿酒，2008，（5）：29-32.
17. 敖锐，彭茵，陈仁远，等. 酱香型白酒的勾调和调味酒的运用［J］. 酿酒科技，2016，（12）：74-76.
18. 王富花，黄永光，张占军. 对酱香型酒勾兑调味之认识［J］. 酿酒科技，2004，（1）：50-51.
19. 黄琴，陈茂彬，丁安子，等. 兼香型白酒贮存期挥发性成分变化规律［J］. 食品科学，2014，35（24）：115-118.

20. 李大和. 白酒勾兑调味的技术关键［J］. 酿酒科技，2003，（3）：29-33.
21. 王莉，汪地强，汪华，等. 近红外透射光谱法和气相色谱法结合建立茅台酒指纹模型［J］. 酿酒，2005，（4）：18-20.
22. 季克良，郭坤亮，朱书奎，等. 全二维气相色谱/飞行时间质谱用于白酒微量成分的分析［J］. 酿酒科技，2007，（3）：100-102.
23. 郁曾全. 季克良与茅台酒［J］. 经营者，2003，（11）：43-46.
24. 宋庆兰，汪崇伟. 把智慧融入酒樽——记中共十五大代表，中国贵州茅台酒厂（集团）有限责任公司董事长兼总经理季克良［J］. 中国人才，1997，（11）：28-29.
25. 蒋英丽，程伟. 酱香型白酒贮存期老熟问题探讨［J］. 酿酒，2003，（1）：20-22.
26. 井维鑫，马秀平，王兰，等. 不同贮存期汾酒中金属元素的含量变化［J］. 食品与发酵工业，2013，39（11）：33-38.
27. 周新虎，崔如生. 引起白酒口干、上头问题的初探［J］. 酿酒科技，2001，（5）：44-45.
28. 季克良，郭坤亮. 剖读茅台酒的微量成分［J］. 酿酒科技，2006，（10）：98-100.
29. 王科岐.不同贮存容器及不同贮存期下凤香型白酒中物质变化研究［J］. 酿酒科技，2019，（5）：76-78，+82.
30. 张宗奇，张旭. 从白酒贮存过程中成分变化谈勾调理念更新［J］. 酿酒，2008，（6）：48-50.
31. 谭绍利，吕云怀. 茅台酒大容器自动化控制勾兑技术应用研究［J］. 酿酒科技，2010，（5）：65-68.
32. 李之郁. 最新白酒勾兑调和技术——脉冲气动勾兑调和系统［J］. 酿酒科技，2009，（7）：83-85.
33. 海超. 浅谈白酒老熟机理及陶坛陈贮工艺探讨［J］. 酿酒，2023，50（5）：109-113.
34. 熊子书. 中国三大香型白酒的研究（二）——酱香·茅台篇［J］. 酿酒科技，2005，（4）：25-30.
35. 王莉，季克良，徐岩. 近红外光谱技术及其在白酒质量控制中的应用展望［J］. 酿酒，2005，（5）：17-19.
36. 范文来，徐岩. 酱香型白酒中呈酱香物质研究的回顾与展望［J］. 酿酒，2012，39（3）：8-16.
37. 范登科，张学梅，丁琳，等. 浅析引起白酒货架沉淀的原因及处理方法［J］. 酿酒，1996，（4）：17-19.
38. 国酒茅台：醉美天下的味觉密码［J］. 发展，2013，（2）：43-44.

第六章

CHAPTER 6

离开茅台镇
生产不出茅台酒

自然生态和微生态共同造就了茅台酒的独特性

自20世纪50年代国营茅台酒厂成立以来，国内有很多酒厂都学过茅台酿酒，特别是1972年外宾接待都用茅台酒，因此在1973年前后掀起了学茅台热。广东的顺德、清远、吴川，山东的武城、青州，湖北的南漳，湖南的武陵，安徽的梅山，北京的昌平等酒厂纷纷来茅台取经，但都无法复制出茅台酒的风味与口感，因此很多被派来学习的技术员都顶着不小的压力。同时在1958年，中共中央在成都召开政治局扩大会议，会议提到我们如何完成从农业国到工业国的资金积累，这需要依靠轻工业来完成。当时，有人计算：1吨茅台酒可以换40吨钢材、700辆自行车。于是毛泽东主席第一次公开提到茅台酒要搞到1万吨的设想，历代茅台领导、贵州省领导急国之所急，先后在茅台和仁怀所在地进行扩展生产的探索。经过多年的实践研究、观察和总结，我认为学茅台这件事是无法成功的，我认为离开茅台镇是产不出茅台酒的。之后20世纪70年代在贵州省科委的领导下开展了为期十年的“易地试验”，仍然未能复制茅台酒的风味，更加验证了这一论断。于是我在1991年正式提出“离开茅台镇就产不出茅台酒”，这一论断的背后是茅台酒生产区域的自然生态和微生态的独特性，根据该论断，我们论证并申请获批了“国家地理标志保护产品”称号，这也是白酒行业第一次使用“原产地”概念。

对于我而言，提出这一观点，相当于断了自己的后路，将自己的未来与这峡谷中的十几平方千米绑定。回望过去几十年的发展，我们可以看到这一观念的提出从理论上确立了茅台酒的不可替代性，直接促成茅台酒原产地域保护范围（现名“国家地理标志产品保护示范区”）的建立，极大地促进了茅台酒发展和其他名优白酒原产地保护的建立和发展，对中国名酒走向世界，提高中国名酒的竞争力有着积极的推动作用。

第一节
茅台酒酿造产区自然生态环境的独特性

“离开茅台镇就酿不出茅台酒”，茅台酒独特的品质与其独特的自然生态环境息息相关，是茅台历代酿造者在长期的生产实践中，顺应大自然变化的创造和累积。20世纪中叶起，全国各地先后掀起茅台酒生产工艺的学习热潮，来自各地酒厂的技术人员奔赴茅台酒厂学习生产工艺，或由茅台酒厂技术人员带队前往指导生产。20世纪50年代，黑龙江龙滨酒厂和北大仓酒厂分别派遣技术团队到茅台酒厂学习制酒工艺，然而东北黑龙江与西南贵州的气候条件和自然环境大相径庭，二者结合茅台酒工艺和各自特点分别形成了各自的酱香型白酒生产工艺。20世纪70年代，茅台酒厂领导及技术人员深入北京昌平酒厂（北京华都酒业）开展全面的酱香型白酒酿造技术指导工作，克服重重困难研发了北方酱香型白酒制酒工艺；广东吴川酒厂的技术团队前往茅台学习茅台酒生产工艺，并严格遵循酱香型白酒工艺流程，但是因水土不服导致其生产的白酒混有酱香和清香的风味。20世纪80年代，在山东省轻工业厅的安排下，山东云门酒业、临朐县酒厂等众多酒企前往茅台对制曲、投料、发酵、蒸酒、贮存等各个工序进行全面学习，同时，茅台也多次派遣技术人员到云门指导生产，共克技术难关。茅台酒厂酒师赴湖北珍珠液酒厂指导生产长达三年，依据地理条件，独创陶坛地藏工艺。时至今日，茅台酒助力酱香型白酒发展的故事还在续写，酱香型白酒工艺在中国大地上实现了遍地开花，然而受限于自然环境或地理气候等条件，其产品风格与茅台酒仍然有着明显差异。

通过这几十年的实践观察、研究和总结，茅台科研人员对茅台独特的自然生态环境逐渐有了清晰的了解和认识，证实了“离开茅台镇就酿不出茅台酒”这一观点内在的科学性和合理性。2001

年，贵州茅台酒获得了“国家地理标志保护产品”称号，7.5km^{2}的生产区域成为茅台酒的原产地域保护区域（后更名为“地理标志产品”）。该产区位于茅台镇北部，南起茅台镇地辖的盐津河出水口小河电站，北至杨柳湾，约7.5km^2。2013年3月28日，国家质量监督检验检疫总局发布《关于批准调整茅台酒（贵州茅台酒）地理标志产品保护名称和保护范围的公告》，将茅台酒（贵州茅台酒）产地范围在原来约7.5km^{2}的基础上，新增约7.53km^2，新增地理标志保护范围则从原区域往南延伸，地处赤水河峡谷地带，总面积共约15.03km^2。茅台酒产区独特的自然生态环境包括地形地貌，以及水、土、气、林等自然要素。

一、地形地貌

茅台酒产区处于东经106°、北纬27°的云贵高原西北部，崇山峻岭环抱下，形成了盆地低谷，地域海拔仅420~550m，依赤水河而兴。该区域为低山深切割峡谷侵蚀类型地貌，位于贵州高原最低点的盆地。赤水河在茅台镇附近流向由NEE向改为NNW向，河谷剖面形态呈不对称开阔的“V”字形，右岸地势较缓，左岸陡峻，除河边少部分河谷地区比较平坦以外，其余地形坡度均在15°以上。“三山环绕，一水中流”的构造，在15.03km^{2}范围内形成了独特的“锅底状”地势地貌，形成了一个相对封闭、有利于酿酒微生物生长的小环境（图6–1）。

二、水

好水出佳酿，酿造茅台酒的优良水源来自赤水河。赤水河发源于乌蒙山北侧镇雄县鱼洞乡大洞口，在四川合江县注入长江，全长436.5km，全河落差1473.96m，流域面积19085.60km^2（图6–2）。赤水河是长江一级支流中唯一没有建水电站的河流，河水质量总体保

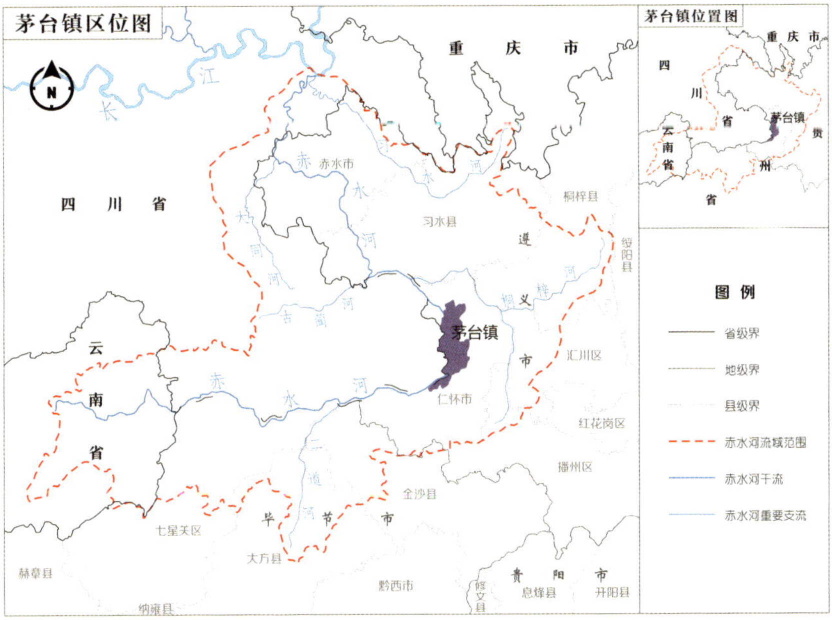

图6-1　茅台镇地理环境

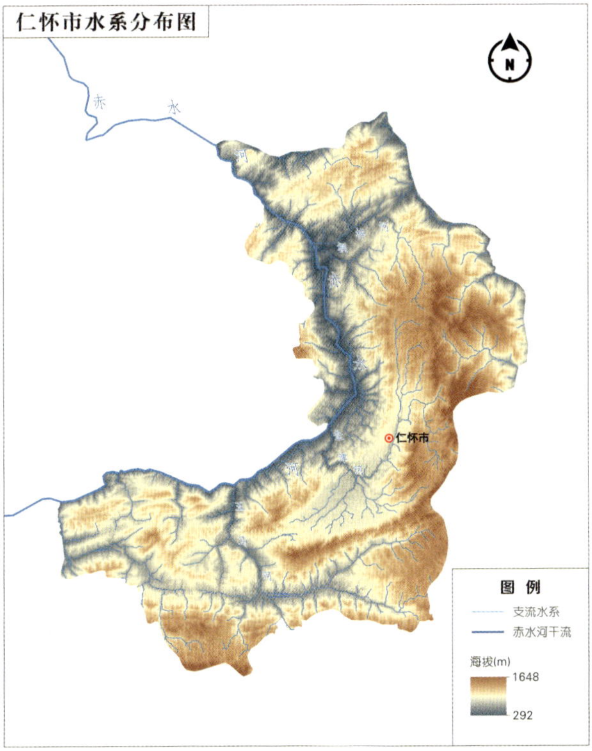

图6-2　赤水河流域仁怀市水系示意图

持良好，属于长江上游珍稀、特有鱼类国家自然保护区核心区的范围。当前，赤水河茅台段水质稳定在Ⅱ类以上，流域富有沟谷常绿季雨林带，生物种类繁多。此外，赤水河流经喀斯特地貌区域，该地貌中Fe、Ca等元素广泛存在，它们能够通过岩石风化和成土作用等途径进入赤水河，使得河水中的微量元素种类丰富。微量元素对微生物生长代谢过程有重要影响，如Fe^{2+}对促进芽孢杆菌和部分真菌的生长具有较大的积极作用。因此，蕴藏在赤水河的微量元素资源也是茅台酒的宝藏之一。

三、土

茅台镇地层全由沉积岩组成，境内岩石以碳酸岩类（各类灰岩、白云岩）居多，其次是各类砂岩、砾岩等。其中紫红色砂页岩具有良好的渗透性，十分有利于水源的渗透过滤和溶解红岩土层中对人体有益的成分。

受复杂的地质、地貌和气候条件的影响，赤水河流域土壤类型多样，地带性土壤和非地带性土壤交错分布，主要有黄壤、黄棕壤、黄红壤、石灰土、紫色土和水稻土（图6-3）。紫色土在茅台镇分布最广，覆盖在地表约50cm厚，是制作窖泥的主要原料[1]；黄褐色砂岩被用作筑窖条石，这两种主要土壤环境质量类型均达到二级（保障农业生产的土壤限值）以上。石灰土和黄壤土是茅台酒有机高粱的种植土壤，其稀土元素丰度高于中国大陆土壤和地壳背景值，能充分供应高粱生长所需的微量元素，保证了茅台酒有机高粱的优良品质[2]。

四、气候条件和空气质量

在气候条件方面，茅台镇及周边小范围河谷地带组成的盆地构造，孕育出独特的中亚热带湿润季风气候。通过对近60年气象条件的总结梳理，发现茅台镇小气候具有夏季长和无霜期长的特点：多

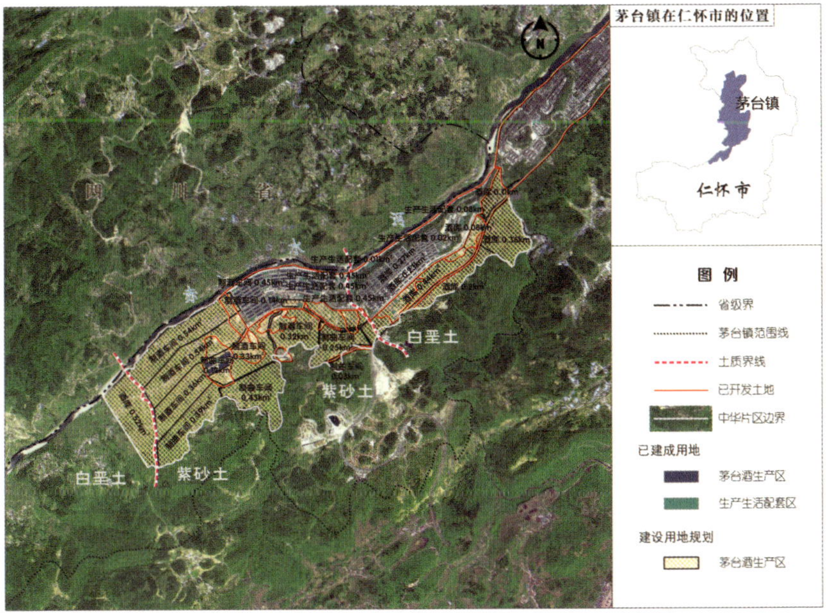

图6-3 茅台酒厂部分厂区及周边土壤类型分布示意图

年平均夏季时长为131d，大于同纬度带的湄潭县（127d）和桐梓县（116d）等地；年均无霜期326d，无冰冻，高于湄潭县（284d）和桐梓县（275d）等地。总体来说茅台镇冬暖夏热少雨，温差变化大，最高气温约39℃，最低气温约-5℃，年均气温17.7℃，年平均日照时间1226.5h，年平均湿度80.4%，年平均降雨量少，约为926.1mm。夏季长、无霜期长和日照长的气候资源结合盆地的特殊地形构造，为长期保持微生物群落的稳定和生态平衡提供了理想的环境，有利于维护茅台酒酿造环境的独特性。此外，产区内常年主导风以北、西北、偏西南风为主，年均风速1.5m/s，最大风速1.8m/s以上，低于桐梓县（1.9m/s）和湄潭县（1.8m/s）等地区。低风速降低了盆地和河谷微生物群落受外部气流冲击带来的风险和不利影响，有利于酿酒微生物生态系统的稳定。

在空气质量方面，茅台产地环境空气质量优良，NO_2平均值为19μg/m^3，优于GB 3095—2012《环境空气质量标准》Ⅰ级标准（80μg/m^3），低于Ⅰ级标准值的1/4。PM2.5仅为9μg/m^3，远低于GB

3095—2012《环境空气质量标准》Ⅰ级标准（35μg/m^3），仅为Ⅰ级标准值的1/4，且PM2.5中OC、EC浓度整体偏低，远低于其他城市地区。基于卫星遥感数据分析，自有观测史以来，茅台镇CO、SO_2、NO_2、HCHO、AOD浓度总体呈下降趋势，与其他大中城市相比，仁怀市空气质量优于其他大多数城市。

五、植被

特殊的自然地理位置，决定了赤水河流域生态系统类型的复杂多样。河源区呈现出典型的云贵高原山地丘陵景观，山体绵延，流域内主要生态系统类型为林地、旱作农田、坡耕地和草地等。中上游区段林被由亚热带常绿针叶林、常绿阔叶林、常绿落叶混交林演变为次生常绿落叶阔叶林和人工经济林，灌丛和草地面积逐渐减小。下游区段以亚热带次生林和原始森林、农田为主，灌丛和草地少见。下游生态系统生产力水平最高，物种多样性丰富。

茅台镇境内植被属亚热带常绿阔叶林带，中亚热带常绿阔叶林，贵州高原湿润性常绿阔叶林地带，黔北山地常绿栎林、马尾松林、柏木林地区。共发现植物276种，隶属于99科230属（图6-4）。其中，乡土植物239种，占86.6%，主要分布在茅台镇中心和酿造产区（图6-5）。茅台镇主要用材树种有杉、马尾松、柏、泡桐、光皮桦、麻栎、青桐栎、枫香、楠木等；油脂植物主要有油桐、乌柏、漆树、苦楝等；芳香油植物主要有香樟、香附子、木姜子、桂花、山苍子等；淀粉植物主要有毛栗、丝栗、枳椇、百合等；含单宁植物主要有盐肤木、小果蔷薇、石榴等；纤维植物主要有棕榈、巴竹、刺竹、构树等；药用植物主要有杜仲、天冬、天麻、荆芥、百合、黄柏、半夏、天南星、栀子、银杏等；烤胶植物主要有黑荆树；野生水果主要有刺梨、猕猴桃、杨梅等。

茅台酒产区独特的地形地貌以及水土气林等自然生态环境直接或间接影响到茅台酒的品质，如茅台镇夏季长，有利于酿酒微生物

（1）酸模　（2）苎麻

（3）地桃花　（4）臭牡丹

图6-4　茅台镇典型植被

（1）展毛野牡丹　（2）皂荚

（3）海芋　（4）枫香

图6-5　茅台镇典型乡土植物

生长繁殖；无霜期长，有利于提高高粱产量；低海拔易于形成独特的小气候环境；低风速利于微生物生态系统稳定性；赤水河为酿酒提供优质水源；蓝天（优良的空气质量）为酿酒提供良好的外部环境条件；紫色砂页岩为酿酒水源提供有益的微量元素。以上“二长二低三彩”的独特性共同构建了茅台镇良好的生态本底，是“离开茅台镇就酿不出茅台酒”的第一重理论基础。

第二节 茅台酒酿造产区微生态环境的独特性

茅台酒产区的自然生态环境以及长期以来不间断的酿造驯化造就了产区酿造微生物的多样性和代谢的独特性，而这些正是茅台酒独特风味与品质的本质原因，是“离开茅台镇就酿不出茅台酒”的核心密码。

1974年，为进一步提高茅台酒产量，贵州省科委将《贵州茅台酒易地生产中间试制》作为1975年科技试验项目，获国家科委和轻工业部批准，以国家科技攻关组的项目，在遵义市北郊进行大规模贵州茅台酒易地生产试制。该项目被列入国家“六五”重点科研攻关项目，成立了“贵州茅台酒易地试验厂”。该攻关小组由国家科委牵头，成员包括轻工业部、省科委、茅台酒厂技术专家等，为了确保项目能够成功，茅台酒厂抽调了包括茅台酒厂原厂长郑光先、原副总工程师杨仁勉、实验室原副主任林宝财在内的经验丰富的管理人才、酿酒师、科研骨干、销售骨干、车间技术工人、评酒师组成28人的团队，并且带去了茅台酒酿造所用的高粱、曲药、母糟、设备、水和窖泥，还有搅拌用的木铲、运输用的木车，甚至蒸酒用的甑子，砌窖池用的砂石等。易地地址也是参照茅台镇地形，年平均气温、湿度等诸多因素在全国50多个地方进行筛选。最终选择遵义市郊十字铺作为易地试验地址，此地与茅台镇相隔100千米，海拔比茅台地区高300～400米，年平均气温比茅台镇低1.7℃，空气年平均相对湿度比茅台镇高 10.2%，其水源同系赤水河源头镇雄县发源而来，属于赤水河上游的地下水。

易地试验从1975—1985年持续进行了10余年，历经9个周期、63轮次、3000多次分析试验。1985年7月，全国评酒委员会考评组长周恒刚亲率有关专家、教授、工程师等50多人来到茅台酒易地试验厂检阅成果。这是当时中国白酒界最高规格的鉴定会，鉴定包括两方面：一是委托国内权威机构用仪器设备进行理化和卫生指标的定量分析；二是由周恒刚老先生领衔，成员包括5位全国评酒委员、3位省评酒委员和熊子书先生等进行感官定性评定，对当时的试制酒进行品评鉴定。通过一丝不苟的检测，一致确认："理化指标、卫生指标和新酒入库合格率、粮耗等指标均达'六五'攻关项目合同要求。"感官鉴定："微黄透明、酱香突出、幽雅细腻、具有酱香酒的典型风格。"并指出"酒质较好，但同茅台酒比还是有一定的差距"，当时试制酒品评得分为93.2分，茅台酒品评得分为95.2分。"十年易地"最终未能复制茅台酒的味道，这验证了茅台镇特殊地理、气候、微生物群系之于茅台酒生产的特殊性，这正是"离开茅台镇产不出茅台酒"科学论断提出后的实践验证。

一、茅台酒酿造微生物群系的多样性

微生物群系的多样性是保障茅台酒风味与口感丰富性的前提条件之一，随着茅台酒酿造微生物研究手段的不断更新进步，茅台酒酿造微生物群系的多样性逐渐被挖掘，酿造微生物群系的多样与独特成为茅台酒不可复制的重要因素。

（一）茅台酒酿造微生物群系多样性的研究历程

独特丰富的微生物资源是茅台酒酿造的根基所在。茅台对微生物的研究，最早可以追溯到1964年茅台"两期试点"时期。从"两期试点”开始，专家们利用混菌培养、分离纯化、形态学和生化、镜检鉴定的传统微生物研究技术对茅台酒发酵的微生物进行了研究。特别是以周恒刚为代表的专家组在茅台科技试点时，分离并保藏了70种微生物，建立了微生物档案，并开展了“中草药对酒精酵母的影响”等课题研究，初步确定了己酸乙酯等香气香味成分与微生物种群的对应关系。

20世纪70年代初，茅台利用经典的可培养技术研究各个酿造阶段微生物的变化动态。通过对堆积过程的研究发现，堆积初期细菌多，酵母少，中后期酵母多，细菌少，最后细菌又占主导。初步表明堆积过程是微生物生长消亡的重要阶段，特别是对于酵母菌的网罗富集非常重要。1982年，贵州省轻工业科学研究所丁祥庆所长和茅台酒厂研究人员又对“茅台酒香气及制曲、制酒主要微生物”进行了研究，分离出95种微生物，并进行了微生物产酱香的研究，从中分离出产酱香较好的6株细菌和7株酵母菌，试制并推广了麸曲酱香型白酒，产品得到了市场和消费者的好评，该项成果获得了贵州省科技进步三等奖。1990年以来，茅台酒厂科研人员开展了“茅台酒与地域微生物的关系”“茅台酒的发酵机理”等项目的研究，并从可持续发展战略的高度开展了“茅台酒与地域生态环境的关系”的研究。2005年，茅台集团和中国科学院微生物研究所从茅台酒大曲和酒醅中成功分离、鉴定出过去未知的100多种1200多株微生物，并在此基础上建立了我国白酒行业首家酿造微生物资源菌种库。21世纪以来，分子生物学的快速发展，使得科研人员不需要通过培养手段就可通过分析微生物的核酸片段，从基因水平对样品中微生物进行定性和定量，并能直观地研讨环境中微生物群落结构、遗传多样性以及与环境因子的相互关系。自2009年以来，茅台科研工作者们也开始将分子生物学技术［变性梯度凝胶电泳（DGGE）、单链构象多态性分析、16S rRNA基因克隆文库技术、扩增子测序技术、宏基因组学技术等］应用于茅台酒酿造微生物的研究当中，在茅台酒酿造体系中发现多达1946种微生物，其中细菌1063种，真菌883种。这些研究一方面加速了探索茅台酒酿造微生物独特性的脚步，另一方面，使得人们对中国固态发酵白酒酿造环境中微生物群落结构和遗传多样性的认识更加全面和客观。

（二）酿造环境微生物群系的多样性

2000—2015年，茅台技术中心微生物室分别对茅台酒厂区制曲车间与制酒车间的环境微生物进行了收集、分离、鉴别和保藏。分离得到微生物147种，其中，细菌53种、酵母菌11种、霉菌49种、放线菌34种，它们与茅台酒制曲、制酒过程中出现的相同微生物种至少有50种，其中，细菌18种、酵母菌6种、霉菌22种、放线菌4种。该结果表明茅台环境中微生物对酿造过程可能有重要影响。茅台地域环境中分离到的微生物出现频率较高的是肠杆菌（*Enterobacter*）、球菌（*Cocci*）、拟青霉（*Paecilomyces*）、毛霉（*Mucor*）、犁头霉（*Absidia*）、根霉（*Rhizopus*）、曲霉（*Aspergillus*）、红曲霉（*Monascus*）等微生物，偶尔也分离到硫细菌（Sulfur Bacteria）等微生物。

茅台酒厂空气中微生物种类丰富，分离到可培养微生物共82种，其中细菌21种、霉菌46种、酵母15种。不同轮次的生产用曲与车间空气中可培养微生物中优势菌株基本一致，其中B1（地衣芽孢杆菌，*Bacillus licheniformis*）、B2（凝结芽孢杆菌，*Bacillus coagulans*）、B3（索诺拉沙漠芽孢杆菌，*Bacillus sonorensis*）、B5（枯草芽孢杆菌，*Bacillus subtilis*）、B11（腐生葡萄球菌，*Staphylococcus saprophyticus*）、细菌B12、B19（索诺拉沙漠芽孢杆菌，*Bacillus sonorensis*）、霉菌M1、霉菌M17、霉菌M21、霉菌M26、霉菌M34、霉菌M66、霉菌M101和Y1（酿酒酵母，*Saccharomyces cerevisiae*）为优势菌株。

从生产场地中共分离出可培养微生物42种，其中细菌13种、霉菌18种、酵母菌11种，常见细菌有B1（地衣芽孢杆菌，*Bacillus licheniformis*）、B2（凝结芽孢杆菌，*Bacillus coagulans*）、B5（枯草芽孢杆菌，*Bacillus subtilis*）、细菌B3、细菌B11、细菌B12、细菌B19、细菌B69；酵母菌有Y1（酿酒酵母，*Saccharomyces cerevisiae*）、Y2

（东方伊萨酵母，*Issatchenkia orientalis*）、酵母Y9；霉菌主要有M1（拟青霉，*Paecilomyces*）、霉菌M4、霉菌M66、霉菌M85、霉菌M89。

制曲车间环境微生物呈现出细菌数量>霉菌数量>酵母菌数量的规律。不同轮次、不同车间的生产用曲微生物数量一致；检出频率和菌群结构上，B1（地衣芽孢杆菌，*Bacillus licheniformis*）、B2（凝结芽孢杆菌，*Bacillus coagulans*）、B5（枯草芽孢杆菌，*Bacillus subtilis*）、B19（索诺拉沙漠芽孢杆菌，*Bacillus sonorensis*）、M1（拟青霉，*Paecilomyces*）、霉菌M4最为常见。

（三）制曲过程微生物群系的多样性

利用平板可培养技术，茅台酒厂技术中心对茅台酒制曲发酵过程微生物的消长情况进行了系统研究。目前，从制曲发酵过程中分离得到的微生物有114种，其中，细菌41种、酵母18种、霉菌51种、放线菌4种。大曲中细菌主要有（图6-6）：枯草芽孢杆菌（*Bacillus subtilis*）、地衣芽孢杆菌（*Bacillus licheniformis*）、环状芽孢杆菌（*Bacillus circulars*）、凝结芽孢杆菌（*Bacillus coagulans*）、嗜热脂肪芽孢杆菌（*Bacillus stearothermophilus*）、短芽孢杆菌（*Ba-*

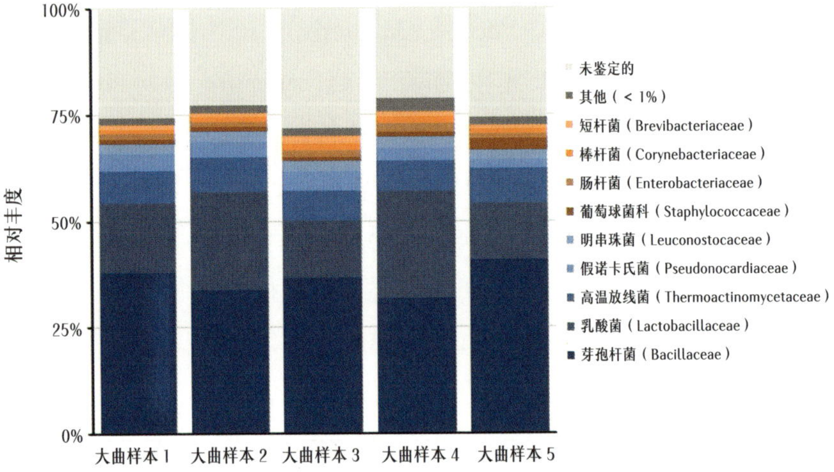

图6-6　不同大曲样本中细菌的分布

cillus brevis）、短小芽孢杆菌（*Bacillus pumilus*）、球菌（*Cocci*）、链球菌（*Streptococcus*）、葡萄球菌（*Staphylococcus*）、乳杆菌（*Lactobacillus*）、片球菌（*Pediococcus*）等。大曲中酵母种类有：酿酒酵母（*Saccharomyces cerevisiae*）、假丝酵母（*Candida*）、丝孢酵母（*Trichosporon*）、汉逊酵母（*Hansenula*）、异常汉逊酵母（*Hansenula anomala*）、毕赤酵母（*Pichia*）、红酵母（*Rhodotorula*）。酵母主要出现在大曲发酵过程中的一翻和二翻过程，拆仓曲和生产用曲中较少能检测出酵母菌。大曲霉菌首先在曲块表面生长，从堆曲后6～7d（即第一次翻曲前）霉菌开始逐渐往曲心繁殖。经过第一次翻曲后，到第二次翻曲时，根霉（*Rhizopus*）和毛霉（*Mucor*）主要存在于大曲的表面和内部，但是经过高温发酵阶段，其微生物结构遭到破坏，菌体检测数量逐渐减小。发酵过程中的主要真菌种类较为繁多（图6–7），主要有：拟内孢霉（*Endomycopsis*）、白地霉（*Geotrichum candidum*）、青霉（*Penicillium*）、拟青霉（*Paecilomyces*）、伞枝犁头霉（*Absidia corymbifera*）、蓝色犁头霉（*Absidia coerulea*）、丰盛毛霉（*Mucor abundans*）、微小毛霉（*Mucor pusillus*）、总状毛霉（*Mucor racemosus*）、米根霉（*Rhizopus oryzae*）、

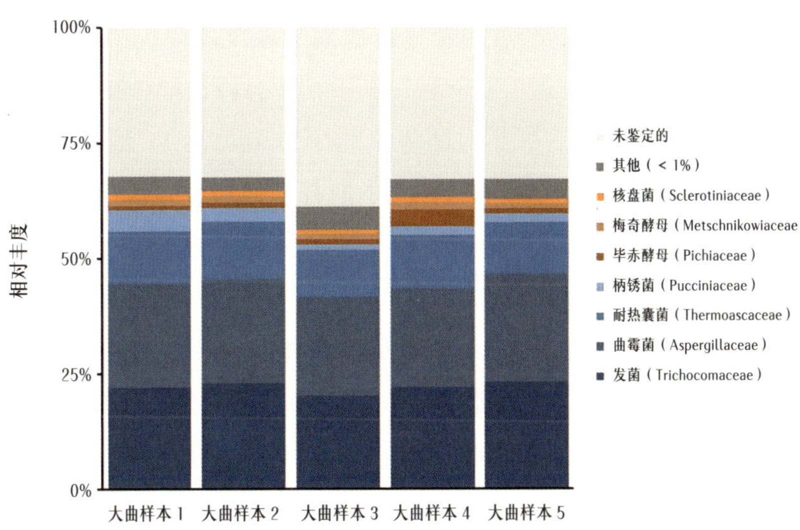

图6–7 不同大曲样本中真菌的分布

根霉（*Rhizopus*）、寄生曲霉（*Aspergillus parasiticus*）、聚多曲霉（*Aspergillus sydowii*）、黑曲霉（*Aspergillus niger*）、黄曲霉（*Aspergillus flavus*）、绿垂曲霉（*Aspergillus viridinutans*）、具黄曲霉（*Aspergillus aureolatus*）、日本曲霉（*Aspergillus japonicus*）、温特曲霉（*Aspergillus wentti*）、构巢曲霉（*Aspergillus nidulans*）、紫红曲霉（*Monascus purpureus*）、红色红曲霉（*Monascus ruber*）、烟色红曲霉（*Monascus fuliginosus*）、球孢枝孢菌（*Cladosporium sphaerospermum*）、链格孢霉（*Alternaria*）等。

高通量测序技术的应用，让茅台对制曲过程的微生物多样性有了更全面的认识。细菌方面，发现大曲中细菌种类丰富，大曲样本一共注释到细菌共134属，其中主要以芽孢杆菌（*Bacillus*）、乳酸菌（Lactic acid bacteria）和高温放线菌（Thermoactinomycetaceae）为主要类群。利用ITS扩增子测序对大曲真菌群落进行解析发现，真菌共32个属。

（四）制酒过程微生物群系的多样性

对制酒堆积发酵及发酵过程的微生物检测，从起堆开始，每隔24h取样检测，分析制酒发酵过程中的微生物、理化指标及香气香味物质的消长规律。经过两个生产周期的系统研究，茅台科研人员从酒醅中分离得到微生物85种，其中细菌41种、酵母28种、霉菌16种。它们主要是枯草芽孢杆菌（*Bacillus subtilis*）、地衣芽孢杆菌（*Bacillus licheniformis*）、环状芽孢杆菌（*Bacillus circulars*）、短小芽孢杆菌（*Bacillus pumilus*）、凝结芽孢杆菌（*Bacillus coagulans*）、蜡状芽孢杆菌（*Bacillus cereus*）、巨大芽孢杆菌（*Bacillus megaterium*）、迟缓芽孢杆菌（*Bacillus lentus*）、粟褐芽孢杆菌（*Bacillus pumilus*）、坚强芽孢杆菌（*Bacillus firmus*）、苏云金芽孢杆菌（*Bacillus thuringiensis*）、酿酒酵母（*Saccharomyces cerevisiae*）、克鲁斯假丝酵母（*Candida krusei*）、汉逊酵母（*Hansenula*）、异常汉逊酵母（*Hansenula anomala*）、丝孢酵母（*Trichosporon cutane-*

um）、假丝酵母（*Candida*）、白地霉（*Geotrichum candidum*）、毛霉（*Mucor*）、根霉（*Rhizopus*）、犁头霉（*Absidia*）、构巢曲霉（*Aspergillus nidulans*）、烟曲霉（*Aspergillus fumigatus*）、丛梗孢霉（*Monilia*）、亮白曲霉（*Aspergillus candidus*）、拟青霉（*Paecilomyces*）、黄曲霉（*Aspergillus flavus*）、红曲霉（*Monascus*）、紫红曲霉（*Monascus purpureus*）、红色红曲霉（*Monascus ruber*）、毛红曲霉（*Monascus pilosus*）、疏棉状嗜热丝孢菌（*Thermomyces lanuginosus*）等。分离到的85种微生物中，至少有10种细菌、7种酵母、8种霉菌来源于茅台酒大曲，其他微生物主要来源于空气、场地和生产用原辅料。

利用可培养技术检测2007—2015年度的658个酒醅样品，发现微生物以酵母菌为主，占微生物总量的59%，优势酵母菌为酿酒酵母（*Saccharomyces cerevisiae*）、粟酒裂殖酵母（*Schizosaccharomyces pombe*）、拜尔结合酵母（*Zygosaccharomyces bailii*）与毕赤酵母（*Pichia*）；细菌占微生物总量的41%，常见细菌为芽孢杆菌（*Bacillus*）、乳酸菌（Lactic acid bacteria）等；而霉菌的种类和数量较少，主要为拟青霉（*Paecilomyces*）等。每克酒醅中的酵母菌数量均在10^5个左右，细菌数量主要分布在$10^6 \sim 10^8$个。

随着各种组学测序技术的应用，对茅台酒酿造过程中的微生物开展了系统解析，发现茅台酒酿造过程中的微生态体系多样性复杂，多种微生物种类在酿造体系中被检出，构建了多达840余条非冗余的OTU序列库，细菌涵盖芽孢杆菌属（*Bacillus*）、乳杆菌属（*Lactobacillus*）、高温放线菌属（*Thermoactinomyces*）等种类；酵母菌和霉菌类微生物包括酿酒酵母（*Saccharomyces cerevisiae*）、毕赤酵母（*Pichia*）、裂殖酵母（*Schizosaccharomyces*）、接合酵母（*Zygosaccharomyces*）、拟青霉（*Paecilomyces*）、嗜热真菌（*Thermomyces*）等种类。这些研究成果证明了茅台酒酿造过程中微生物多样性很高，同时也证明了微生物群落结构的复杂性。堆积发酵过程核心微生物组成主要包括：芽孢杆菌属（*Bacillus*）、海洋杆菌属（*Oceanobacillus*）、短杆菌（*Brevibacterium*）、厌氧杆菌属（*Anaero-*

salibacter）、棒状杆菌属（*Corynebacterium*）、肠球菌属（*Enterococcus*）等16个属的微生物。窖内发酵过程核心微生物组成主要包括：乳杆菌属（*Lactobacillus*）、高温放线菌属（*Thermoactinomyces*）、热乳杆菌属（*Bacillus thermolactis*），其中乳杆菌属（*Lactobacillus*）的丰度最高。茅台酒酿造过程中微生物的独特性取决于工艺、原料以及环境，无论是制曲（表6–1）还是制酒（表6–2），都与其他香型白酒有显著差别。

表6–1　生产用曲中的微生物群落组成[3]

名称	分类	优势微生物		
		霉菌	细菌	酵母菌
大曲	高温大曲（茅台）	毛霉（*Mucor*）、嗜热子囊菌（*Thermoascus*）	芽孢杆菌（*Bacillus*）、乳杆菌（*Lactobacillus*）、乳球菌（*Lactococcus*）、魏斯氏菌（*Weissella*）、微杆菌（*Microbacterium*）、微红微球菌（*Rubellimicrobium*）、糖多孢菌（*Saccharopolyspora*）	假丝酵母（*Candida*），汉逊酵母（*Hansenula*）、毕赤酵母（*Pichia*）、酿酒酵母（*Saccharomyces*）
大曲	中温大曲	嗜热丝孢菌（*Thermomyces*）、犁头霉（*Absidia*）、曲霉（*Aspergillus*）、根毛霉（*Rhizomucor*）	热放线菌（*Thermoactinomyces*）、芽孢杆菌（*Bacillus*）、乳杆菌（*Lactobacillus*）、魏斯氏菌（*Weissella*）、横梗霉（*Lichtheimia*）	毕赤酵母（*Pichia*）、酿酒酵母（*Saccharomyces*）、复膜孢酵母（*Saccharomycopsis*）
大曲	低温大曲	犁头霉（*Absidia*）、淀粉霉（*Amylomyces*）、根毛霉（*Rhizomucor*）、	醋酸菌（Acetic acid bacteria）、芽孢杆菌（*Bacillus*）、肠杆菌（*Enterobacteriales*）、乳杆菌（*Lactobacillus*）、葡萄球菌（*Staphylococcus*）、魏斯氏菌（*Weissella*）	毕赤酵母（*Pichia*）、酿酒酵母（*Saccharomyces*）、复膜孢酵母（*Saccharomycopsis*）、威克汉姆酵母（*Wickerhamomyces*）
小曲		根霉（*Rhizopus*）、犁头霉（*Absidia*）、曲霉（*Aspergillus*）、根霉（*Rhizopus*）	醋酸菌（Acetic acid bacteria）、不动杆菌（*Acinetobacter*）、棒状杆菌（*Corynebacterium*）、异常球菌（*Deinococcus*）、乳杆菌（*Lactobacillus*）、片球菌（*Pediococcus*）、链球菌（*Streptococcus*）、魏斯氏菌（*Weissella*）、黄杆菌（*Xanthomonas*）	汉逊酵母（*Hansenula*）、毕赤酵母（*Pichia*）、酿酒酵母（*Saccharomyces*）、复膜孢酵母（*Saccharomycopsis*）

表6-2 不同香型白酒酒醅发酵过程主要微生物[3]

名称	香型	优势微生物		参考文献
		真菌	细菌	
茅台	酱香	库氏毕赤酵母（*Pichia kudriavzevii*）、酿酒酵母（*Saccharomyces cerevisiae*）、粟酒裂殖酵母（*Schizosaccharomyces pombe*）、阿氏丝孢酵母（*Trichosporon asahii*）、德尔布有孢圆酵母（*Torulaspora delbrueckii*）、奇异酿酒酵母（*Saccharomyces paradoxus*）、光滑假丝酵母（*Candida glabrata*）、异常威克汉姆酵母（*Wickerhamomyces anomalus*）、扣囊复膜孢酵母（*Saccharomycopsis fibuligera*）	类肠膜魏斯氏菌（*Weissella paramesenteroides*）、乳酸片球菌（*Pediococcus acidilactici*）、面包乳杆菌（*Lactobacillus panis*）、乳杆菌（*Lactobacillus* sp.）、耐酸乳杆菌（*Lactobacillus acetotolerans*）、明串球菌（*Leuconostoc*）、高温放线菌（*Thermoactinomyces*）、短杆菌（*Brevibacterium*）、假单胞菌（*Pseudomonas*）、链霉菌（*Streptomyces*）	4-6
习酒	酱香	毕赤酵母（*Pichia*）、嗜热丝孢菌（*Thermomyces*）、曲霉（*Aspergillus*）、丝衣霉（*Byssochlamys*）、有孢圆酵母属（*Torulaspora*）	高温放线菌（*Thermoactinomycetaceae*）、克罗彭斯特菌（*Kroppenstedtia*）、芽孢杆菌（*Bacillus*）、乳杆菌（*Lactobacillus*）	7
郎酒	酱香	假丝酵母（*Candida*）、拟青霉属（*Paecilomyces*）、嗜热丝孢菌（*Thermomyces*）	片球菌（*Pediococcus*）、魏斯氏菌（*Weissella*）、芽孢杆菌（*Bacillus*）、乳杆菌(*Lactobacillus*)	8
汾酒	清香	毕赤酵母（*Pichia*）、假丝酵母（*Candida*）、曲霉（*Aspergillus*）、复膜孢酵母属（*Saccharomycopsis*）、哈萨克斯坦酵母（*Kazachstania*）	乳杆菌（*Lactobacillus*）、魏斯氏菌（*Weissella*）、克罗彭斯特菌（*Kroppenstedtia*）、假单胞菌（*Pseudomonas*）、明串珠菌（*Leuconostoc*）、芽孢杆菌（*Bacillus*）、片球菌(*Pediococcus*)	9
泸州老窖	浓香	毕赤酵母（*Pichia*）、复膜孢酵母属（*Saccharomycopsis*）、篮状菌（*Talaromyces*）、散囊菌（*Eurotium*）、曲霉（*Aspergillus*）	伯克氏菌属（*Burkholderia*）、链球菌（*Streptococcus*）、乳杆菌（*Lactobacillus*）、甲烷袋状菌（*Methanoculleus*）、甲烷螺菌（*Methanospirillum*）	10

二、茅台酒酿造微生物独特的代谢特性

茅台酒酿造过程复杂的微生物体系、产地气候环境的动态变化、工艺的顺天应时等因素共同造就了微生物消长演替的复杂性，进而形成了微生物代谢的复杂性。如果说环境是茅台神秘面纱的

基地，那微生物代谢的复杂性就是这神秘基地上的堡垒，为了揭示这神秘堡垒的真相，茅台从20世纪60年代就开始着手一系列的研究。

（一）茅台酒酿造微生物代谢特性的研究历程与发展

“两期试点”时期，微生物研究组的专家们为了解高粱单宁对酿酒微生物的影响，从高粱中提取出单宁物质添加于酵母和细菌的共培养物中，经纸层析技术检出大量香草酸、香草醛、阿魏酸、4-乙基愈创木酚、丁香酸、丁香醛等物质，后又直接用酵母菌进行发酵试验，结果主要生成香草酸，其次是香草醛、丁香酸、阿魏酸，间接说明细菌可以代谢产生4-乙基愈创木酚，该物质与酱香风味的形成有重要的关系。此外专家组还对茅台酒3个典型体和3个轮次的酒与八大名酒的成分进行分析，所采用的技术是纸层析技术，从中定性检出香味成分45种、杂味成分5种，共50种，初步发现了茅台酒香味的复杂性。专家组同时对异味成分的生成进行探究，发现硫化氢的产生能力为细菌＞酵母菌＞霉菌，且当乳酸菌和酵母菌混合发酵时，生成大量的丙烯醛。“两期试点”对香味的研究还意外地发现窖底香的主要物质——已酸乙酯，并从窖底中分离出产生该物质的微生物——梭菌属，并且发现该微生物在酒醅浸提液中生长旺盛，但是只产生丁酸，当其与甲烷杆菌在兼性条件共培养时会产生己酸，并呈窖底香味。这说明了培养条件与微生物的相互作用对微生物代谢产物有很大的影响。总而言之，“两期试点”的研究结果初步让人们认识到茅台酒酿造过程中微生物代谢的复杂性。随着技术的发展，茅台的研究人员一直在不遗余力地接续这项工作。

从纸层析到现今的核磁共振光谱（NMR）、气相色谱-质谱（GC-MS）、液相色谱-质谱（LC-MS）和气相色谱-闻香技术（GC-O）等多平台的联合使用，得以对样本中的各种小分子，包括碳水化合物、脂质、氨基酸、生物胺和许多其他有机酸进行广泛的鉴定。从单一的分离培养到联合高通量测序、宏转录组学、荧光定量PCR等技术，得以对茅台酿造过程微生物群落结构组成和功能有了进一步的认识；代谢产物和微生物检测技术的同步使用，更全面和系统地认识微生物的代谢特性。

在几十年的研究积累中，茅台研究人员针对茅台酒酿造过程微生物代谢机制的研究开发形成了酿造微生物代谢产物分析标准流程（SOP）及特定微生物“个性化”研究流程（图6-8）。该方法借助了酱香型白酒风味物质数据库及研究思路，构建了酿造微生物代谢产物解析平台，用于评价菌株对酱香型白酒风味的影响与贡献。该平台主要由四部分内容构成，分别为酿造微生物的分离培养、酿造微生物代谢产物提取、酿造微生物代谢产物分析评价和酿造微生物的应用。平台的应用形成了酿造微生物代谢产物分析标准流程（SOP）及特定微生物“个性化”研究流程；明确酿造微生物在酱香型白酒酿造过程中的作用，评价单一菌株对酱香型白酒风味的影响与贡献；推动酿造微生物的实际应用。下面将对采用该平台所取得的研究进展进行详细的分述。

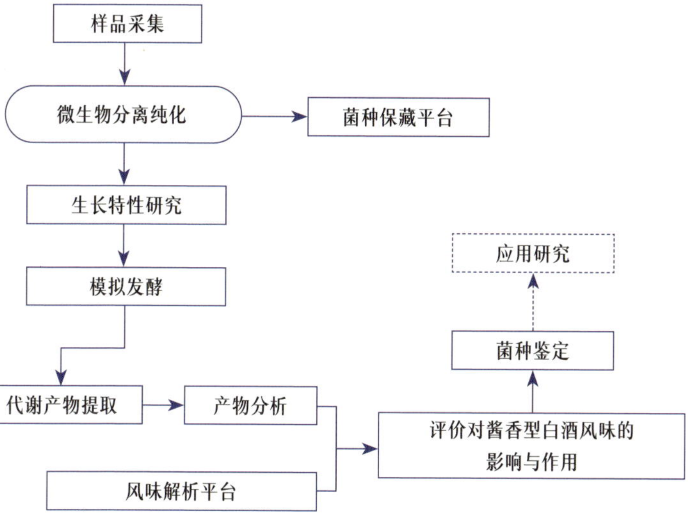

图6-8 酿造微生物代谢产物分析标准流程及特定功能微生物“个性化”研究流程

（二）茅台酒酿造过程细菌代谢的独特性

早在“两期试点”时，专家们通过对茅台酒大曲微生物进行研究，发现茅台酒大曲中微生物100%都为细菌，未检测到酵母和霉菌，得出茅台酒大曲为细菌曲的结论。随着测序技术的发展，茅台研究人员对这一观点进行验证，发现茅台酒大曲中有少量的酵母、霉菌等，但主要的微生物仍然是细菌，不可否认细菌在茅台酒大曲中重要的地位。在诸多细菌中，芽孢杆菌由于其优良的抗逆性和功能特性，使得其在很长一段时间内都是茅台酒大曲研究中备受关注的功能菌。枯草芽孢杆菌（*Bacillus subtilis*）、地衣芽孢杆菌（*Bacillus licheniformis*）、凝结芽孢杆菌（*Bacillus coagulans*）、解淀粉芽孢杆菌（*Bacillus amyloliquefaciens*）、迟缓芽孢杆菌（*Bacillus lentus*）、索诺拉沙漠芽孢杆菌（*Bacillus sonorensis*）等是茅台制曲过程中重要的芽孢杆菌，但是它们不只是制曲过程中的主要微生物，在制酒阶段仍然发挥着不可或缺的作用[11]。在不同工艺阶段，受底物、温度、酸度等不同因素的影响，相同微生物的代谢产物不尽相同。例如模拟高粱固态发酵，迟缓芽孢杆菌在较低温度条件（≤30℃）的代谢产物主要为低沸点、短碳链类物质，如3–甲基–2–丁酮（其为吡嗪类物质的前体）、2，3–丁二醇等醇类物质以及2–甲基丙酸等酸类物质；在较高温度条件（>35℃）下的代谢产物种类逐渐增多，乙酸、香草醛、呋喃酮类（焦糖香气）等物质开始出现，3–甲基–2–丁酮的含量显著下降，2，3–丁二醇等醇类物质以及2–甲基丙酸等酸类物质能够进一步累积。枯草芽孢杆菌按制曲工艺模拟发酵其特征代谢产物为四甲基吡嗪、苯乙酸、3–甲基丁酸、2–甲基丙酸；按堆积工艺模拟发酵时其特征代谢产物比制曲工艺下的多两种，分别是3–羟基–2–丁酮和2，3–丁二醇，其中3–羟基–2–丁酮是酒类调香中一个极其重要的品种，也是国际上公认的食品风味呈香物质。3–羟基–2–丁酮、2，3–丁二醇和2，3–丁二酮都是白酒中重要的风味物质，且三者可以相互转化。地衣芽孢杆菌按制曲工艺模拟发酵时主要代谢产物为2-甲基丙酸、3-甲基丁酸、2-甲基-2-丁烯酸、苯乙醇、苯乙酸、十五烷酸、软脂酸、亚油酸等；按堆积工艺培养时，相比按制曲工艺模拟发酵则少了十五烷酸、软脂酸、亚油酸等物质。3-甲基丁酸、苯乙醇等是茅台酒色谱骨架成分之一，而后几种长链脂肪酸则可以协调风味，使香气和口味不那么刺激，还能增强酒的后味（表6-3）。

表6-3 芽孢杆菌代谢特性

芽孢杆菌	特征条件	主要代谢产物
枯草芽孢杆菌（*Bacillus subtilis*）	堆积工序	3-羟基-2-丁酮、四甲基吡嗪、2-甲基丙酸、2，3-丁二醇、3-甲基丁酸、苯乙酸
	制曲发酵工艺	四甲基吡嗪、苯乙酸、3-甲基丁酸、2-甲基丙酸
地衣芽孢杆菌（*Bacillus licheniformis*）	制曲发酵工艺	2-甲基丙酸、3-甲基丁酸、2-甲基-2-丁烯酸、苯乙醇、苯乙酸、十五烷酸、软脂酸、亚油酸
	堆积发酵工艺	3-甲基丁酸、2-甲基-2-丁烯酸、2-甲氧基-苯酚、β-苯乙醇、苯乙酸、十五烷酸、软脂酸、亚油酸以及一种尚未定性呋喃酮类或吡喃酮类的物质
迟缓芽孢杆菌（*Bacillus lentus*）	低温（30℃）	为低沸点、短碳链类物质，如3-甲基-2-丁酮（其为吡嗪类物质的前体）、2，3-丁二醇等醇类物质以及2-甲基丙酸等酸类物质
	中温（35℃）	乙酸、香草醛、呋喃酮类（焦糖香气）等物质开始出现，3-甲基-2-丁酮的含量显著下降，2，3-丁二醇等醇类物质以及2-甲基丙酸等酸类物质能够进一步累积
	高温（40℃）	3-甲基-2-丁酮的产量显著下降，而吡嗪类物质的含量显著增加，新生成丁酸苯乙酯

（三）茅台酒酿造过程酵母菌代谢的独特性

酵母菌是茅台酒酿造的关键微生物种群，是乙醇和多种风味物质的主要生产者[12]。茅台酵母由于酿造环境长久的驯化，形成了独特的酿造特性，例如对比茅台酿酒酵母（*Saccharomyces cerevisiae*）MT281和其模式菌株酿酒酵母（*Saccharomyces cerevisiae*）ATCC18824的生理特性和代谢特性，发现前者最适生长温度为

35~37℃，致死温度为54℃，后者最适生长温度为28~32℃，这是由于茅台酒酿造过程堆积温度一般为46~50℃，长久酿造过程选择和塑造了酵母耐高温的特性，且在高温刺激下茅台酿酒酵母MT281会产生酵母细胞活性衍生物，这些物质或有可能进入酒体，对人体有益。另外对比分离自茅台酒酿造过程的酿酒酵母和商业酿酒酵母菌株的挥发性产物发现，两者挥发性产物种类差异较小，而含量差异较大。茅台酿酒酵母的各项挥发性物质总量都高于商业酿酒酵母，尤其是其总醇量达到商业酿酒酵母的4倍，其中苯乙醇产量是商业酿酒酵母的8倍，法呢醇和橙花叔醇产量为商业酿酒酵母的2倍。这三种醇类都是白酒中的主要风味物质，苯乙醇具有柔和、愉快而持久的玫瑰香气；橙花叔醇甘甜而少清，带有像玫瑰、铃兰和苹果花的气息，微带木香，香气持久；法呢醇具有甜香、花香、青草香。另外，茅台酿酒酵母的乙偶姻和大马酮产量分别达到商业酿酒酵母的9倍和3倍，乙偶姻是一种有令人愉快的奶香物质，且具有特殊药理作用；大马酮则具有令人愉快的玫瑰香气。茅台酿酒酵母发酵液特有的酯类物质有：棕榈酸乙酯、二-（2-苯乙基）-草酸酯、十五烷酸-3-甲基丁酯、己酸己酯等。此外，还检测到茅台酿酒酵母（*Saccharomyces cerevisiae*）合成了一定量的苯并噻唑、2，3-二氢苯并呋喃、4-乙烯基愈创木酚。在不断地酿造驯化中，茅台酒酿酒酵母的代谢功能也在不断变化和丰富。通过对比茅台试点酿酒酵母和现存酿酒酵母发现，两种酵母菌所产生的风味物质大部分不存在数量级上的差异，但在少数风味物质方面各有缺失和丰富。现存酿酒酵母能够产生苯基膦酸二辛酯、2，3-丁二醇和4-乙基苯酚等风味物质，而茅台试点的酿酒酵母则没有。2，3-丁二醇作为一种多元醇，是白酒甜味和醇厚感的重要贡献成分。4-乙基苯酚为挥发酚类物质，在合适的浓度下是白酒的香味成分之一。茅台试点的酿酒酵母在产生乳酸乙酯、三甲基吡嗪、壬酸乙酯、苯甲醇和对甲苯酚等风味物质方面的表现更突出。乳酸乙酯在酒体的呈味和呈香中发挥重要作用，同时发酵产生的醇、酮等物质相互作用，使产品具有独特的风味。三甲基吡嗪作为一种挥发性香味物质，能够为酒体贡献烘烤香味，但与酱香型白酒的典型酱香无关。壬酸乙酯作为奇数碳脂肪酸乙酯，能与丙酸乙酯等其他奇数碳脂肪酸乙酯产生多类型、多层次的芬芳风味物质，使酒体醇厚丰满、协调和谐；苯甲醇是最简单的芳香醇化合物之一，能够为酒体贡献微弱的花果香。综上所述，在茅台酒长期的酿造中，塑造了茅台酿酒酵母独特的生理和代谢特性。和细菌一样，在不同的工艺条件下，酵母菌的代谢模式也会随之调整，例如一种贯穿于整个茅台酒生产过程中的膜璞毕赤酵母（*Pichia membranifaciens*），以高粱为基质，在低温（30℃）条件下，主要呈味物质有苯乙醇、丁酸、酪醇以及少量的γ-癸内酯等；而在中温（36℃）条件下其能够产生大量与酱香味形成密切相关的3–羟基–2–丁酮、亚油酸乙酯、4–羟基–2，5–二甲基–3（2*H*）–呋喃酮；其中亚油酸乙酯有降低胆固醇和血脂的作用，有助于预防或减轻动脉粥样硬化症；白酒中适量丁酸使酒体香味更加浓郁，过量则带来泥臭味；γ-癸内酯有强烈的椰子和桃子果香香气，广泛用于食品行业；4–羟基–2，5–二甲基–3（2*H*）–呋喃酮具有强烈的焙烤焦糖香气，对酱香风味有重要的影响（表6–4）。酵母菌这种随着工艺参数的变化而调整代谢模式的特性赋予了茅台酒更加丰富立体的味道。

表6–4 膜璞毕赤酵母不同温度条件下的代谢产物

特征条件	主要代谢产物
30℃	3–甲基丁酸、苯乙醇、苯乙酸、2–甲基丙酸、酪醇、亚油酸乙酯、丁酸、γ-癸内酯
36℃	3–甲基丁酸、苯乙酸、乙偶姻、2, 3–二羟基丁酸、乙酸、4–羟基–2, 5–二甲基–3（2*H*）–呋喃酮

（四）茅台酒酿造过程丝状真菌代谢的独特性

丝状真菌（霉菌）类微生物由于其孢子生殖方式，使其同样具有较强的抗逆性，因此霉菌较为适应茅台酒的高温制曲和制酒等工艺[13]。其次霉菌优良的产淀粉酶、蛋白酶、纤维素酶的能力，决定了它们在酿酒原料降解和利用中的重要地位，将酵母和霉菌进行共培养比其单独培养的生长情况更好。通过添加强化伞枝犁头菌（*Absidia corymbifera*）进行制曲，显著提升了大曲中乙醇、异丁醇和异戊醇等醇类物质含量，这里面很重要的原因是霉菌优良的原料利用能力。在代谢酶这一特性上，不同霉菌有显著的区别，如根霉由于缺乏羧肽酶不能分解利用加热过的变性蛋白质，所以其在生料上远比在熟料上生长得好，因此根霉是制曲过程的重要霉菌。米曲霉和黑曲霉是酸性蛋白酶与淀粉酶的重要来源，而黑曲霉还有较好的糖化酶生产能力，烟曲霉等是α-葡萄糖苷酶的重要来源，毛霉具有较好的产蛋白酶能力。除此以外，大部分霉菌都有较强的产酯化酶的功能，例如青霉（*Penicillium*）、曲霉（*Aspergillus*）、根霉（*Rhizopus*）、枝孢霉（*Cladosporium*）、毛霉（*Mucor*）等，它们代谢产生的酯化酶对白酒中酯类的形成具有重要作用。

除了酶代谢特性，霉菌在茅台酒口味和风味上也有较强的贡献，例如拟青霉（*Paecilomyces varioti*）广泛存在于茅台酒生产环境中，其在不同的工艺环节中具有不同的代谢特性。当其按照制曲发酵工艺模拟发酵时主要特征性代谢产物有：苯乙酸、十六酸、3-甲基丁酸、苯乙醇、软脂酸、亚油酸、乙酸、苯甲酸；当其在堆积工艺下进行模拟发酵时，其特征性产物相比前者少了苯乙酸、苯甲酸，多了3-甲基丁醇，其中苯乙酸和苯甲酸能够赋予白酒水果香，3-甲基丁醇也具有果香特征，同时可以增加酒体的醇甜感，让酒体更丰满。当进一步将其在小麦和高粱的混合物中进行模拟发酵时，其特征性代谢产物为乙酸、苯乙醇、亚麻油酸、油酸乙酯、α-亚乙基-苯乙醛、3-甲基丁醇、十六酸乙酯、苯乙酸、3-甲基丁酸等，可见亚麻油酸、油酸乙酯、α-亚乙基-苯乙醛、十六酸乙酯等为其在混合发酵条件下特有的代谢产物。茅台酒生产中另外一种重要的霉菌是毛霉（*Mucor*），其与拟青霉（*Paecilomyces*）

在茅台酒大曲可培养真菌中的比例高达50%，其中毛霉（*Mucor*）占15%左右。它的主要代谢产物有醇、酯类化合物，其中亚油酸乙酯、油酸乙酯、3-甲基-2-丁烯-1-醇的含量最高，这三种物质是毛霉（*Mucor*）按照堆积和制曲工艺模拟发酵情况下的主要产物。因此，毛霉（*Mucor*）的代谢具有相对稳定的特征。其中亚油酸乙酯、油酸乙酯等是茅台酒空杯留香的重要成分之一，对茅台酒优雅细腻的风味有重要贡献（表6-5）。此外部分霉菌还具有代谢生理活性物质的能力，例如曲霉属微生物代谢的麦角固醇具有抑制癌细胞活性。综上所述，霉菌的两类代谢物质，对推动茅台酒酿造进程、丰富白酒口味和风味以及提供潜在的生理活性物质等方面具有不可缺少的作用。

表6-5 霉菌的代谢特性

霉菌	特征条件	主要代谢产物
拟青霉（*Paecilomyces*）	制曲发酵工艺	苯乙酸、十六酸、3-甲基丁酸、苯乙醇、亚油酸、乙酸、苯甲酸
	堆积发酵工艺	苯乙醇、3-甲基丁酸、十六酸、亚油酸、乙酸、3-甲基丁醇
	高粱小麦混合发酵	乙酸、苯乙醇、亚麻油酸、油酸乙酯、α 亚乙基 苯乙醛、3-甲基丁醇、十六酸乙酯、苯乙酸、3-甲基丁酸
毛霉（*Mucor*）	制曲发酵工艺	亚油酸乙酯、油酸乙酯、3-甲基-2-丁烯-1-醇
红曲霉（*Monascus*）	制曲发酵工艺	苯乙醇、3-羟基丁酸乙酯、乙偶姻、己酸乙酯

茅台酒酿造微生物独特的代谢特性是长久的酿造工艺、酿造历史以及茅台地域环境选择和驯化的结果。基于茅台酒酿造过程中丰富的微生物资源，以及复杂的工艺环节，目前茅台所认识到的微生物的代谢特性仅仅是茅台酒酿造过程的冰山一角，但是一代又一代茅台科研人员仍然在不懈努力，为早日揭示这一神秘的面纱而前赴后继。

（五）酿造微生物的互作复杂性

白酒酿造作为典型的混菌发酵体系，体系中微生物间的相互作用关系是影响微生物菌群结构组成和功能表达的主要因素，目前对白酒酿造体系中微生物的代谢相互作用研究主要集中在微生物共培养研究方面。通过在无菌条件下，混合培养不同的微生物种类，结合GC/MS、LC/MS等检测平台，对体系中的代谢产物进行分析。

近年来，部分研究微生物代谢相互作用的报道主要集中在两方面：一是通过共培养体系揭示代谢产物的含量变化，如酿酒酵母（*Saccharomyces cerevisiae*）和植物乳杆菌（*Lactobacillus plantarum*）的共培养能够显著提升异戊醇和苯乙醇含量，酵母菌（*Saccharomyces*）、毕赤酵母（*Pichia*）和乳酸菌（Lactic acid bacteria）的共培养体系能够提升酯、醛等香气物质积累量。二是通过共培养体系调控某些重要基因的表达或代谢功能的能力，如酿酒酵母（*Saccharomyces cerevisiae*）和球形赖氨酸芽孢杆菌（*Lysinibacillus sphaericus*）的共培养能够促进尿素代谢相关基因的转录调控，酿酒酵母（*Saccharomyces cerevisiae*）和乳酸乳球菌（*Lactococcus lactis*）的共培养体系会导致乙酸乙酯、异丁酸、正戊醇和乙酸苯乙酯的产生受到抑制。

酱香型白酒微生物共培养体系代谢功能的研究表明，酿造过程中的酵母菌-细菌体系对酱香风味的形成具有重要贡献，如地衣芽孢杆菌（*Bacillus licheniformis*）和拜耳接合酵母（*Zygosaccharomyces bailii*）、酿酒酵母（*Saccharomyces cerevisiae*）体系能够提升酱香型白酒重要风味物质的产量[12]。因此，对微生物共培养体系的相互作用研究有利于了解酱香型白酒的酿造机制，进一步提高研究者对酿造环境中微生物群的应用范围及与其他微生物群相互作用的认识[13]（表6-6）。

表6-6　不同微生物种类间的相互作用

研究对象	培养体系	研究结果
酿酒酵母（*Saccharomyces cerevisiae*）和葡萄牙棒孢酵母（*Clavispora lusitaniae*）	酵母菌-酵母菌	能够提升己酸乙酯含量
酿酒酵母（*Saccharomyces cerevisiae*）和毕赤酵母（*Pichia*）	酵母菌-酵母菌	促进高级醇的合成；显著提高乳酸消耗
酿酒酵母（*Saccharomyces cerevisiae*）和异常威克汉姆酵母（*Wickerhamomyces anomalus*）	酵母菌-酵母菌	显著提高乙酸乙酯的产量，并提高其他风味化合物的含量，如β-苯乙醇和苯乙酸乙酯的含量
酿酒酵母（*Saccharomyces cerevisiae*）、毕赤酵母（*Pichia*）和乳酸菌（Lactic acid bacteria）	酵母菌-细菌	能够提升酯、醛等香气物质积累量
解淀粉芽孢杆菌（*Bacillus amyloliquefaciens*）MT45和X82	细菌-细菌	共培养使脂肽产量提高50%
流动氨基杆菌（*Acidaminobacter* sp.）与巴氏甲烷八叠球菌（*Methanosarcina barkeri*）共培养	细菌-细菌	能够促进挥发性脂肪酸的生成
巴氏乙酸杆菌（*Acetobacter pasteurianus*）、瑞士乳酸杆菌（*Lactobacillus helveticus*）与罗伊氏乳杆菌（*Lactobacillus reuteri*）	细菌-细菌	能够提升异戊酸、乙酸乙酯和甲酸辛酯等风味物质的含量，2，3-丁二酮只在共培养中生成
贝莱斯芽孢杆菌（*Bacillus velezensis*）和枯草芽孢杆菌（*Bacillus subtilis*）	细菌-细菌	能够提升发酵体系的液化力、糖化力、酯化力和香气物质含量
扣囊复膜孢酵母（*Saccharomycopsis fibuligera*）、酿酒酵母（*Saccharomyces cerevisiae*）和乳酸片球菌（*Pediococcus acidilactici*）	酵母菌-细菌	产生多种酶系，酿酒酵母发酵能力提高，乳酸菌产酸能力提高
酿酒酵母（*Saccharomyces cerevisiae*）和布氏乳杆菌（*Lactobacillus buchneri*）	酵母菌-细菌	酿酒酵母和乳杆菌是硫化合物产生的关键微生物区系
酿酒酵母（*Saccharomyces cerevisiae*）和球形赖氨酸芽孢杆菌（*Lysinibacillus sphaericus*）	酵母菌-细菌	促进尿素代谢相关基因的转录调控
拜耳接合酵母（*Zygosaccharomyces bailii*）和地衣芽孢杆菌（*Bacillus licheniformis*）	酵母菌-细菌	显著提升总酚和总酸含量，其中愈创木酚和2-甲基丁酸等物质含量发生了大幅提升

续表

研究对象	培养体系	研究结果
酿酒酵母（*Saccharomyces cerevisiae*）和植物乳杆菌（*Lactobacillus plantarum*）	酵母菌–细菌	显著提升异戊醇和苯乙醇含量
库氏毕赤酵母（*Pichia kudriavzevii*）和乳酸菌（Lactic acid bacteria）	酵母菌–细菌	能够促进乙酸的产量
酵母菌（*Saccharomyces cerevisiae*）和乳酸乳球菌（*Lactococcus lactis*）	酵母菌–细菌	共培养条件下乙酸乙酯、异丁酸、正戊醇和乙酸苯乙酯的产能均受到抑制
酿酒酵母（*Saccharomyces cerevisiae*）和地衣芽孢杆菌（*Bacillus licheniformis*）	酵母菌–细菌	显著提升乙酸、2–甲基丁酸、辛酸和4–乙烯基愈创木酚含量
鲁氏淀粉霉菌（*Amylomyces rouxii*）与酿酒酵母（*Saccharomyces cerevisiae*）	霉菌–酵母菌	能够显著提升异丁醇等醇类物质的产量
米根霉（*Rhizopus oryzae*）与酿酒酵母（*Saccharomyces cerevisiae*）	霉菌–酵母菌	能够提升异戊醇、β–苯乙醇、丁酸乙酯、乳酸乙酯、己酸乙酯等代谢产物的产量
扣囊复膜孢酵母（*Saccharomycopsis fibuligera*）和米根霉（*Rhizopus oryzae*）	霉菌–酵母菌	能够提升乙酸乙酯和β–苯乙醇含量
曲霉（*Aspergillus*）和乳酸菌（Lactic acid bacteria）	霉菌–细菌	乳酸菌能够抑制黄曲霉、烟曲霉等曲霉的生长，从而抑制其代谢产物的产生

SECTION 3

第三节
中国白酒酿造产区的保护

纵观中国白酒的地理布局可以发现，优质的清香型白酒大多分布在黄河以北；优质的浓香型白酒分布在长江和黄河之间；而优质的酱香型白酒则主要集中在赤水河产区，位于长江以南。这种格局的分布是自然环境的选择，也是人类长期实践的验证。也许就是天然环境的自主进化与选择，说明了产区之于优质白酒的重要性。就茅台酒的“异地复制”历史而言，20世纪50年代全国各地酒厂，上至东北下至岭南，纷纷按照茅台酒厂的生产工艺进行仿制，都期望能再酿一瓶茅台酒，包括贵州省科委主导的茅台酒“十年易地”试验，希望茅台酒能够走出峡谷之地的茅台镇，实现更大的产能突破。但是大量的人力、物力以及时间的投入，最终更加证明了茅台酒的酿制恰恰无法离开茅台镇这片峡谷。而保护这峡谷中的十几平方千米便成了茅台酒永续发展的重要基础和坚固的护城河。

一、地理标志产区的划定是酿造产区保护的重要方式

国际上提出和践行地理标志产品保护的相关规定，极大地保护了本地优秀农产品、工艺品的品质和产业发展，例如法国部分地区拥有悠久的葡萄酒酿造历史。在20世纪30年代初法国发生了严重的葡萄酒产能过剩，许多劣质葡萄酒假冒名酒上市，引起了市场混乱，损害了名优葡萄酒的市场名誉和辨识度。因此法国政府建立了最初的地理标志保护制度，提升了名酒的市场辨识度，仅“干邑”原产地每年就为法国带来巨大的经济效益，同时也很好地保障了干邑葡萄酒原产地的风土人情[14、15]。国际上通过互认此保护标志，促进名酒的相互流通，增加各国“特产”贸易。2001年年底我国加入世贸组织，顺势接受《与贸易有关的知识产权协议》（简称TRIPS协议）所界定的知识产权保护范围之一的地理标志权，并于2000年3月1日正式发布实施《原产地域产品通用要求》。茅台酒酿造这一鲜明的特征与国际上欧盟、美国等贸易体所倡导的地理标志产品不谋而合：茅台酒源自茅台镇这个地区，产品的质量或者特色主要取决于其具有内在自然属性和人文因素的特殊地理环境，因此茅台在同年（2000年）提出了原产地域保护的申请，并于2001年获得审批并实施我国首个白酒地理标志产品标准GB 18356—2001《茅台酒（贵州茅台酒）》。该项标准将赤水河东岸的7.5km^{2}列为茅台酒

生产的地理标志区域（图6–9），这也是中国白酒产区保护措施的里程碑事件。国家知识产权局数据显示，截至2022年10月，我国已累计批准地理标志产品2495个，其中酒类产品149个，遍布全国20多个省级行政区。

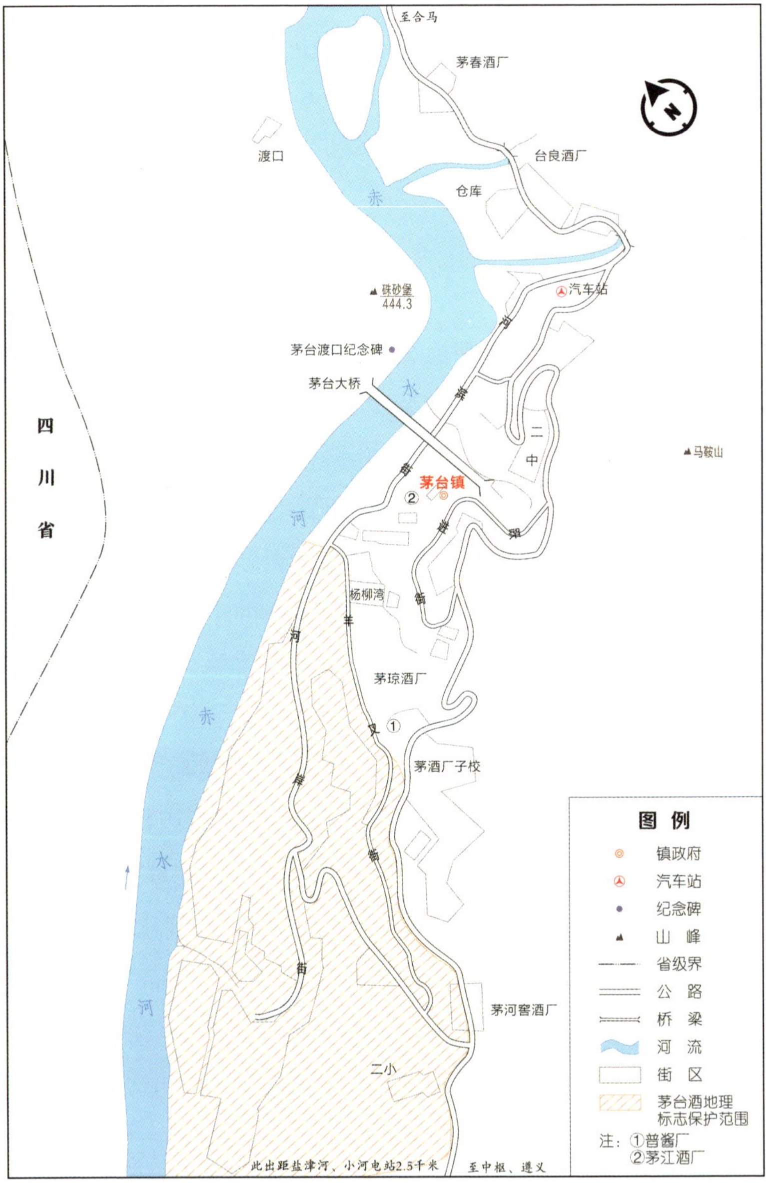

注：茅台镇（2012年）地理位置为东经105°、北纬27°。

图6–9　茅台首次申请地理标志保护范围图

GB 18356—2001《茅台酒（贵州茅台酒）》的实施极大地提升了茅台的品牌价值，促进了区域的发展，也激起了市场对茅台酒的热情。但是当时酿造产区（7.5km^2）的产能与随后贵州省中长期规划中的4万吨目标产生了极大的矛盾，在保障茅台酒质量与产区生态平衡的前提下产能上限仅为2.5万吨。为了达成目标，公司领导多次对原产地周边环境、土地进行考察，期望找到一片适合扩产的土地。在大量的考察下初步选定大娄山山脉西端北侧、赤水河畔东岸与2001年认证地理标志区域相毗邻的7.53km^{2}区域，并组织相关科研单位进行详细论证。2003—2008年，公司联合中国科学院微生物所、中国科学院地球化学研究所、贵州省地矿勘查局共同在产区上游进行全方位论证，形成了《茅台酒原产地地质地理学研究报告》《茅台酒原产地与后备基地地质地球化学研究报告》《茅台酒制酒制曲生产工艺在中华片区的应用研究报告》等多份考证报告，并通过三年的制曲、制酒生产实践，论证了新地域也是适宜酿造贵州茅台酒的区域。该区域海拔均在420～600m，地理方位地貌、土壤土质、环境气候条件、环境微生物菌群组成基本相同。在酿造工艺保持一致的条件下，新地域制曲效果更佳、产酒品质与原地理保护区域基本一致。2009年，茅台向贵州省人民政府提交申请将地理标志保护产品区域由原有的7.5km^{2}调整为15.03km^2。2012年，国家质量监督检验检疫总局经实地调研得出结论：调整区域与原生产区域的地理、地貌、土壤土质、水源、环境气候及环境微生物等方面基本一致，均符合茅台酒生产对自然环境的要求，适宜于酿造茅台酒，通过论证。自此，茅台的产区保护体系基本构建完成（图6-10）。

地理标志保护区域的构建也是茅台走向世界的重要基础。2018年，茅台被纳入中泰“3+3”地理标志互认互保产品清单；2020年被纳入《中欧地理标志协定》首批“100+100”中欧地理标志产品互认互保清单，极大地推动了茅台走向国际。

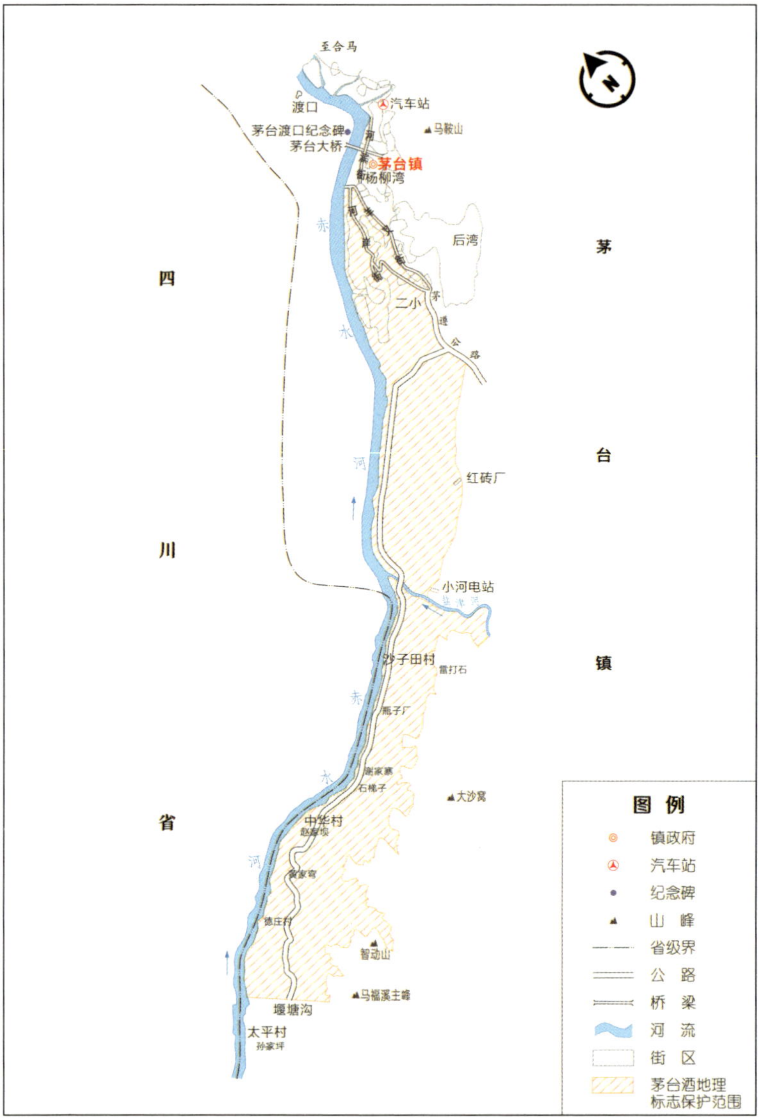

注：茅台酒地理标志保护范围为贵州省仁怀市茅台镇内，地处赤水河峡谷地带，南起太平村以堰塘沟为界，北止于杨柳湾以羊叉街路为界，东靠茅遵公路、红砖厂、小河电站、智动山和马福溪主峰，西至赤水河以赤水河为界，约 15.03km²。

图6-10　茅台镇茅台酒地理标志保护范围示意图

二、中国白酒酿造产区保护措施的思考

随着国内工业化、城镇化进程的加快，以及对生态环境保护越来越重视，如何保护好中国白酒的地理标志保护区域是当前和今后

面临的重要问题。例如在茅台酒的地理标志保护区域内，近年来持续开展制酒冷却水循环利用改造建设，目前已实现冷却水循环利用全覆盖，最大限度避免冷却水直排对赤水河中的生物产生影响；开展茅台核心区域生态承载力研究，支持茅台镇建设移动污染源低排放控制示范区；积极推进厂区及周边山地绿化，投入大量资金对赤水河西岸荒坡进行绿化修复，围绕茅台酒酿造产区构建保护缓冲区。在地理标志保护区域以外的赤水河流域区域，早在1995年茅台酒厂率先进入了国家水系统防污染管理网，是当时全国范围内正式加入的第一家企业。从2014年起，茅台每年出资5000万元专项用于赤水河流域生态环境保护，赤水河流域周边生态环境状况得到有效改善，生态系统结构趋向合理，生态功能得到恢复和强化，形成了上下游联动共抓赤水河保护的新格局；企业还开展了赤水河中上游河段干、支流全面调查，对现有国控断面、省控断面、典型排放源下游点位以及人类活动密集地区下游点位中水体的潜在风险污染物进行筛查，完成了常规污染物、重金属与微量有机污染物以及潜在风险污染物的分布特征和通量变化研究。同时茅台也积极动员号召和引领流域内的白酒企业，全力以赴保护好、守护好赤水河，推动赤水河流域白酒产业高质量发展。今后，对于中国白酒酿造产区的保护，需要在科学研究、功能区域划分和法规条例制定等方面进一步开展相关工作。

（一）科学研究方面

在科学研究方面，首要工作是要系统解析产区的独特性，以及与产品品质的关联性；进而要构建“山、水、林、土、河、微”生命共同体，以系统思维积极推进增水、提气、保土、护微、维护生态系统平衡，努力做到与自然和谐共生、共同发展；同时要主动适应绿色低碳发展要求，着力推进节能降碳增效、绿色工艺改进及产品创新、绿色产业生态链、绿色低碳科技创新、绿色低碳全员参与等“五大行动”，成功探索出茅台高水平绿色发展的实施路径，逐步形成能源利用绿色、产业链低碳、工业污水零排放、废弃物全面资源化循环利用的茅台绿色低碳循环发展架构体系。

（二）空间布局方面

在空间布局方面，要构建形成中国白酒核心酿造区合理的“三生”空间布局。对核心酿造区域生产空间优化布局，推动土地资源利用方式根本性转变，持续提升生产效率，确保生产空间要集约高效；坚持生态优先原则，维护和优化现有“山、水、林、土、河、微”等生态基底结构，探索最优的生态空间布局模式，构建形成山水融合、协同发展的产业区域生态空间体系，有效促进生产与生活质量提高，建设形成赤水河流域绿色发展生态示范区，实现生态空间山清水秀；持续提升生活空间与生态空间的融合程度，强化生活空间绿色低碳。

（三）法规条例制定方面

在法规条例制定方面，充分发挥政府的公信力，出台地方性环保法规，实现产区环境保护的主动管理。例如在2011年贵州省制定了《贵州省赤水河流域保护条例》，要求加强赤水河流域保护，规范流域治理、利用等活动，改善流域生态环境，促进绿色发展，进一步“推动赤水河流域酱香型白酒生产保护区立法，对酱香型白酒生产环境实施最严格保护”。2022年12月发布，2023年3月起施行的《贵州省赤水河流域酱香型白酒生产环境保护条例》，首次从法规层面明确“生产环境保护”概念。该条例紧扣赤水河流域酱香型白酒特殊酿造环境保护要求，对其生产环境做出规定，严格落实产区保护规划，对产区实施最严格的保护和管控，规定赤水河流域酱香型白酒生产应当传承传统酿造技艺，持续加强污染治理与监督管理。

参考文献

1. 姜涛，陈武，肖唐付，等. 贵州省茅台地区土壤中稀土元素含量及空间分布规律研究［J］. 地球与环境，2013，41（3）：281-287.
2. 杨立铮. 茅台酒酿酒高粱的地质环境研究［J］. 地学前缘，1996，3（2）：224-233.
3. Kang J，Xue Y，Chen X，et al. Integrated multi-omics approaches to understand microbiome assembly in Jiuqu，a mixed-culture starter［J］. Comprehensive Reviews in Food Science and Food Safety，2022，21（5）：4076-4107.
4. 吕锡斌，吴耀领，郝飞，等. 高通量测序技术分析酱香型白酒下造沙轮次的微生物多样性［J］. 酿酒科技，2019（3）：52-58，+64.
5. Wang L，Wang Y Y，Wang D Q，et al. Dynamic changes in the bacterial community in Moutai liquor fermentation process characterized by deep sequencing［J］. Journal of the Institute of Brewing，2015，121（4）：603-608.
6. 罗方雯，黄永光，涂华彬，等. 基于高通量测序技术对茅台镇酱香白酒主酿区域酵母菌群结构多样性的解析［J］. 食品科学，2020，41（20）：127-133.
7. 吴成，杨龙飞，胡峰，等. 酱香型白酒造沙轮次堆积发酵微生物及理化指标演替规律［J］. 食品科技，2023，048（006）：9-15.
8. 沈毅，陈波，王西，等. 酱香型郎酒高温大曲、酒醅和窖泥中细菌群落结构分析［J］. 中国酿造，2020，39（2）：89-93.
9. 王雪山，杜海，徐岩. 清香型白酒发酵过程中微生物种群空间分布［J］. 食品与发酵工业，2018，44（9）：1-8.
10. 张文学，向文良，乔宗伟，等. 浓香型白酒窖池糟醅原核微生物区系的分类研究［J］. 酿酒科技，2005，（7）：22-25.
11. 赵曦，解云英，白利平. 微生物共培养在新活性化合物挖掘中的研究进展［J］. 微生物学通报，2017，44（10）：2437-2442.
12. 庄孝杰，吴群，徐岩. 酱香型白酒酿造拜耳接合酵母生理代谢特征及其与地衣芽孢杆菌相互作用［J］. 微生物学通报，2017，44（2）：251-262.
13. 王琨，伍时华，赵东玲，等. 霉菌复合菌株对糯米酒风味物质的影响［J］. 酿酒科技，2015（8）：28-32.
14. 朱允卫. 原产地域产品保护的国际经验与中国实践（上）［J］. 世界农业，2002（10）：4-6.
15. 朱允卫. 原产地域产品保护的国际经验与中国实践（下）［J］. 世界农业，2002（11）：6-8.

第七章

CHAPTER 7

茅台酒独特卓越的产品品质

丰富的风味成分是茅台酒品质的基础

对于茅台酒的品质，我认为我是有点发言权的。最开始我滴酒不沾，记得大学毕业的时候辗转多日终于抵达遵义，在饭店吃饭时看到有茅台酒卖，虽然一杯要三毛六分钱，可怀着对世界名酒的期许，我还是咬牙买了一杯，要知道，当时一般人的工资也就二三十块钱。那一天，平时滴酒不沾的我，小心翼翼地捧着那杯茅台酒细细品尝，入口只是感到不像其他白酒那么辣，也比别的酒顺和得多，容易吞下去。酒后我趴在桌上，闻到一股幽幽空杯香。在之后的近60年里，这香气始终萦绕在我的脑海，历久弥香，与我的人生融为了一体。

随着工作经历的增多，我对茅台酒品质的认识，逐渐从现象延伸到本质。一开始认为茅台酒好，是因为无论是参加行业交流还是专业评酒会，大家都会在品评交流后单独将茅台酒留下，一饮而尽。茅台酒能得到专家和消费者的一致认可，肯定是源于其独特的品质。后来，一次对“玫瑰香”的讨论，让我认识到茅台酒的品质特征定是以丰富的物质成分为基础的。那是1984年，在参加第四届全国评酒会的路上遇到了一个酒厂的同行，在聊天的时候讲到“玫瑰香是什么样子”，那位同行正好用的是玫瑰香的香皂，于是我就感受了一下。酒中有玫瑰香，香皂也能做出玫瑰香，我突然意识到感官特征是与其含有的风味物质相对应的。为什么大家喜欢茅台，觉得茅台酒好喝？我想还得先从其成分开始研究。经过20多年的研究，2005年，我在发表的一篇文章中，从风味品格、有效成分等方面，首次总结了茅台酒品质的独特与卓越，并提出了“茅台酒是世界上最好的蒸馏酒”这一观点。并在此之后，不断总结完善，进一步从感官特征、风味成分和活性因子等方面系统地总结了茅台酒品质背后的科学内涵。

第一节
茅台酒典型的感官特征

茅台历代酿造者在长期的生产实践中顺应天时、承接地利，集中国传统酿造技艺之大成，充分利用茅台酒酿造产区的独特性与不可复制性，顺应大自然的变化创造和累积，不断传承创新，最终形成了茅台酒独特的产品风格。中国白酒专业委员会原副会长沈怡方先生说："酱香型白酒是很好的酒种，含有许多对人体有益的、有待认识的成分。这些已日趋被业界和消费者认可。在大曲酱香里头，贵州茅台好，这是毫无疑问的。品质，没有人能赶上茅台"。品质，是茅台酒的"生命线"。几十年如一日，在时光的坚守与淬炼中，茅台酒凭借独特而又复杂的品质引领酱香型白酒产业，成就了一流的民族品牌。

一、茅台酒香型的确立及感官评语总结

在很长一段时间里，白酒的酿造、勾兑都是靠传统的经验传承，没有统一的标准，全凭酿酒师、勾兑师个人的直觉、感官和经验，因此产品风格会存在一定差异。为了确保产品质量与风格的稳定，科学认识基酒的特点与分型尤为重要。

（一）茅台基酒典型体的提出

20世纪60年代，茅台酒厂副厂长李兴发和他的同事从多年的实践经验入手，不断摸索规律、完善工艺，李兴发老厂长在数百种不同轮次、不同酒龄、不同风味的样品中进行了数千次品尝，最终提出了茅台酒三种典型体，即酱香型、醇甜型、窖底香型，并总结得出茅台酒三种典型体的风格特征[1]。其中**酱香型**基酒风格特征为：微黄透明，酱香突出，入口有浓厚的酱香味，醇甜爽口，余香

较长。留杯观察，液体逐渐浑浊，除有酱香味，还带有酒醅气味。待干涸后，杯底微黄，微见一层固形物，酱香更突出，香气纯正。**醇甜型**基酒的风格特征为：无色透明，入口绵甜，略有酱香味，后味爽快。留杯观察，液体逐渐浑浊，除醇甜特点外，酒醅气味明显。待干涸后，杯底有颗粒状固形物，色泽带黄，有酱香味，香气纯正。**窖底香型**基酒的风格特征为：微黄透明，窖香较浓，醇厚回甜，稍有辣味，后味欠爽。留杯观察，液体逐渐浑浊，浓香纯正，略带醅香，快要干涸时，闻有浓香带酱香。干涸后，杯底微有小粒状固形物，色泽稍黄，酱香明显，香气纯正。茅台基酒三种典型体的提出，为稳定茅台酒质量打下了坚实基础[2]。

（二）茅台酒香型的确立

1965年下半年，轻工业部在山西召开的茅台酒试点论证会上正式肯定了茅台酒三种典型体的确立和酱香型的命名。酱香型的确立，是白酒界一场革命性的巨大变革，为中国白酒香型划分奠定了基础。后经周恒刚等酒界泰斗悉心研究，1979年的第三届全国白酒评酒会明确将中国白酒划分为酱香、浓香、清香、米香、其他香五种香型。按五种香型酒的标准进行评比，评出了各香型酒的优秀品牌。之后，中国白酒业掀起的技术革新热潮继续深入，各科研单位和生产企业纷纷进行了大量深入细致的科学研究，将其他香的香型进一步划分为药香型、凤型、豉香型、兼香型、特型、芝麻香型等。

第三届全国评酒会除了将白酒按酱香、浓香、清香、米香和其他香进行分类评比外，还确定茅台酒的感官评语为：无色（微黄）透明，酱香突出，酒体醇厚，幽雅细腻，香味谐调，回味悠长，空杯留香持久。随着感官科学的不断发展，茅台酒感官研究逐步深入，感官评语也不断细化与完善，从色泽和外观、香气、口味、风格四个方面对茅台酒感官特征进行了详细的描述，确定了茅台酒的感官标准即“无色（或微黄）透明，酱香突出，幽雅细腻，酒体醇厚，回味悠长，空杯留香持久”[3]。

经过不断总结、提炼和完善的茅台酒感官评语，意味着人们对茅台酒感官品质认识的不断加深。茅台酒感官标准的建立，为茅台酒品质稳定与提升做出了重要贡献，同时也为消费者充分理解茅台酒独特感官品质提供了参考。

二、茅台酒独特的感官品质

茅台酒的香味香气并不是由单一的某种风味物质构成，是由酿造过程中自然产生各种风味物质圆融而成的“复合香型”，其物质成分的构成最丰富、最协调，也最具层次感。在品评过程中（图7-1）可以感受到“酱而不焦，酱而不艳”“厚而不腻、余味悠长”“酒体琼柔”是茅台酒独有的感官特征。

图7-1　季克良进行茅台酒品评

（一）茅台酒香气特征

酱香之妙，首在其香，茅台酒的香气特征是茅台工艺至臻境界和自然环境稀缺属性的集中体现。茅台酒的香气具有丰富且协调的层次感，主要可分为前香、体香和空杯香。前香是初闻所感受到的香气，以酱香为主，茅台酒的酱香是独特的复合发酵香气，并不是酱油、豆瓣酱等的香气，酱香最为突出，是茅台酒香气的重要组成部分；体香是进一步感受到的酒的香气，主要包括了怡人的水果香、清新的植物香、突出的曲香、舒适的粮香等，这些香味层次清晰，综合赋予了茅台酒幽雅细腻的感官特征；空杯香是盛过酒的空酒杯所持续散发出的香气，包括了曲香、花香、酸香等香气，茅台酒具有空杯香持久，甚至隔夜不消的独特特征。

通过科学解析，目前将茅台酒的香气分为青草香、水果香、花香、甜香、焙烤香、干植物香、酸香、空杯香、其他香气等9个维度[4]。其中青草香维度又划分为草香、生粮香、菜叶香、粽叶香、竹子的香气等；水果香维度包括苹果香、草莓香、蜜桃香等香气；花香维度包括玫瑰香、桂花香、梅花香、紫罗兰香等香气；甜香维度包括蜜香、奶香、香草香等；焙烤香维度包括坚果香、烘焙香、可可香、煳香等；干植物香维度包括干草香、木香和中药香；酸香维度包括果酸香和醋香；空杯香维度包括曲香、陈香、油脂香；其他香维度包括馊香、硫气息和窖香等香气。随着研究的深入，茅台酒香气的解析还在持续细化与完善。

（二）茅台酒口味口感特征

茅台酒口味的特征为“酒体醇厚，后味悠长”，是饮用过程中味觉、触觉、嗅觉的共同作用结果。随着茅台酒液入口布满舌面，舌的两侧会有酸感，舌面感受酒液运动，体会醇厚，口感顺滑，层次丰富。当酒液沿着喉咙下滑，此时感受茅台酒的后味，可以体会到丝滑和醇厚的感觉，以及酒体醇厚而丰满、自然而谐调，酒液风味舒适怡人、持久不散。

通过对茅台酒口味口感的科学解析，可以将茅台酒口味分为酸、甜、苦、咸、鲜；口感可以分为细腻、醇厚、纯正、丰满、持久。茅台酒的口味口感主要是由一些难挥发的组分贡献的，这些难挥发性的组分是重要的呈味物质，是构成茅台酒口味的化学基础，赋予了茅台酒口感的丰富性和复杂性。这些难挥发性组分同时与挥发性物质产生相互作用，调节挥发性物质的挥发特性，改变并协调茅台酒的香气结构，它们不仅对茅台酒风味的细腻、醇厚、协调有作用，更重要的是对酱香强度以及空杯留香的持久性等方面产生重要的调节作用。

丰富多样的基酒是茅台酒独特感官品质的基础，茅台酒一至七轮次基酒各具特色，轮次特征典型，在茅台酒呈香呈味过程中承担着重要角色，共同赋予了茅台酒协调、幽雅的香气和醇厚、细腻的口感。通过勾兑让不同轮次、不同类别、不同香味和口感特征的基酒融会贯通，最终实现两个味的协调：一是香味协调，达到闻香幽雅细腻；二是口味协调，实现口感醇厚悠长。最终勾调出幽雅协调的酒体，形成茅台酒的典型特征，缔造出独特的产品风格，达到“增之一分则长，减之一分则短”的至臻境界。

惟有天成，始为最贵。茅台酒独特的产品特征是得天独厚的生产环境与独特的生产工艺相结合下的大自然馈赠，是自然界物物合成的以酒勾酒，是经历岁月沉淀、自然老熟的基酒通过调和、补充，在不停的回环交融间，融汇形成的幽雅、细腻、醇厚、丰满、协调、平衡的技术与艺术的结晶！

第二节 茅台酒独特的风味特征

茅台酒作为世代相传的珍品，和白兰地、威士忌等国外单菌种发酵的蒸馏酒相比，多菌种发酵条件下生产的茅台酒香气更为丰富且复杂，因此茅台酒风味品质的研究也成了蒸馏酒研究领域中最具挑战性的课题。

对于茅台酒风味成分的研究，从早期的化学分析到高分辨质谱，从化合物的简单定性分析到复杂的定量测定，检测物由低沸点的酸、酯等脂肪族化合物发展到高沸点的醇、醛、酮等各种芳香族化合物，再到今天的感官导向研究物质风味（图7-2）。每一次技术的进步都推动了茅台酒风味成分的解析更进一步。但由于茅台酒独特的生产工艺，其成分过于丰富和复杂，到目前为止，尚未完全解析出茅台酒的风味组成，茅台酒的“主体香”仍然是个不解之谜[5]。

图7-2 茅台风味成分研究工作场景

1．传统分析时期

1959—1960年，轻工业部派熊子书到茅台酒厂开展第一次科学研究试点工作[6]，采用化学方法对茅台酒中总酸、总酯、总醛、杂醇油、糠醛和甲醇成分进行了定量研究，奠定了茅台酒主要理化指标和卫生指标研究的基础。

2．仪器分析时期

1974—2005年，异地试验期间通过气相色谱分析方法从化合物成分角度对茅台酒进行了分析，茅台酒成分研究从传统化学分析时代进入仪器分析时代。分析化学理论被引入茅台酒的成分解析中，GC-MS、GC-MS/MS、全二维等分析设备被引入，极大地推动了茅台酒成分研究，为解析茅台酒香气特征奠定了坚实的基础。

3．风味导向时期

2006年起，随着研究的深入，在成分解析的基础上，进一步将仪器与感官相结合，茅台酒成分的研究进入感官导向的风味分析时期。茅台运用“风味+感官”导向研究方法学的思路，将GC-O、OSME等一系列国际先进分析技术综合应用于酱香型白酒的风味研究中，形成了一个系统性的酱香型白酒风味研究方法，使酱香型白酒的分析研究从单纯的微量成分分析全面上升到风味研究时代。2013年，基于风味导向的相似度评价体系应用于出厂茅台酒稳定性评价，有效促进产品品质稳定性的提升。

科学技术的发展为茅台酒的传承、创新提供了强有力的支撑，风味化学研究将进一步揭示风味物质对茅台酒风味的贡献及其生成途径，为茅台酒风味品质的稳定和提升提供思路。

一、理化指标分析奠定茅台酒风味品质基础

总酸、总酯、固形物等理化指标作为与白酒质量密切相关的产品特性，是中国白酒质量的重要评价指标，不同香型白酒均以此作为产品质量的评价指标。1959—1960年，轻工业部派轻工业部发酵工业科学研究所的熊子书工程师带队到茅台进行第一次科学研究工作，对茅台的传统工艺进行总结。技术人员采用化学方法对茅台酒中总酸、总酯、总醛、杂醇油、糠醛和甲醇成分进行了研究。随后，公司建立了科学、标准的理化指标检测方法，用于测定茅台酒中总酸、总酯及固形物含量，并将其作为茅台酒品质评价指标之一。白酒的理化指标尤其是总酸、总酯作为白酒的“整体、宏观”指标，其含量一定程度上可以反映白酒的质量水平和口感，对白酒的风味感官具有重要的作用。

白酒中的酸是白酒发酵过程的产物，是许多微生物共同作用的结果，是赋予酒体愉快香气的重要成分，同时也是生成对应酯类的前体物质。**总酸**是指白酒中含有的有机酸的总和，白酒中有机酸是重要的呈味组分，适量的有机酸可赋予白酒醇厚、丰满的口感，以及悠长的回味，在酒中还起到调味作用；同时有机酸可以使白酒的味觉发生转变，消除白酒的苦味，提高白酒品质。其中乙酸等挥发

性有机酸具有香气，是白酒酸香的重要来源；乳酸等有羧基和羟基的难挥发性有机酸能和很多成分亲和，对酒的后味起着缓冲、平衡作用，使酒质调和，减少烈性，是白酒中的重要呈味物质，起着调味作用[7]。通常，白酒中总酸含量过低，酒味会较寡淡、后味短；总酸含量过高，则酒体酸味较重、刺鼻，会影响白酒口味[8]。

酯是白酒中含量最多的香味成分之一，种类多且大多以乙酯形式存在，多具有水果芳香和口味，使人产生愉悦感。**总酯**是白酒中所有酯类的总和，在白酒中主要起呈香作用，可在不同程度上增加酒的香气，是形成酒体浓郁香气的主要因素之一[9]。白酒中酯类物质种类丰富，其中乙酸乙酯等挥发性酯类通常呈现水果香，赋予白酒愉悦舒适的香气；不饱和酯类主要包括油酸乙酯和亚油酸乙酯，虽然不呈香气，但可延长酒体后味，对白酒的口感及品质有较大影响。总的来说，白酒中的酯类化合物除乙酸乙酯、己酸乙酯及乳酸乙酯三大酯类在呈香过程中起着主导作用外，其他酯类在呈香过程中主要起着烘托的作用。这类化合物聚集在酒内以不同的强度放香，汇成白酒的复合香气，衬托出主体香韵，形成白酒的独特风格。通常，白酒中总酯含量过低，则酒味较淡；总酯含量过高，则酒体不协调，偏离风格。白酒中总酯的含量及它们相互之间的配比对白酒的质量及香型起着决定性的作用。

酸与酯之间共同作用，可协调平衡白酒酒体，从而确保酒体的质量稳定。研究表明理化指标中总酸、总酯与白酒香气强度、香气协调性呈正相关，且相关性最强。即白酒的理化指标中总酸、总酯的含量相对较高，则白酒的香气与滋味也相对较好，与之对应的白酒的风味品质也相对较好。可以说理化指标中的总酸、总酯对白酒香气物质品质方面具有决定性的因素，是白酒风味品质不可或缺的部分。

传统名优白酒均具有酸高、酯高的特点。严格的工艺要求及质量保障体系，使得茅台酒中总酸、总酯等理化指标基本稳定在一定的取值范围。国家标准优质酱香型白酒的总酸大于1.4g/L，品质较好的酱香型白酒的总酸通常是在2.0g/L以上；国家标准优质酱香型白酒的总酯达2.2g/L，品质较好的酱香型白酒的总酯通常是在3.0g/L以上。研究表明，各香型白酒中总酸含量排序依次为酱香型>浓香型>清香型，米香型、兼香型、芝麻香型处于浓香型变化区域[10]。酱香型白酒中总酸含量居各香型白酒之首，是其他香型白酒的2～5倍。总酯含量分布为酱香型和浓香型最高，清香型较低，米香型最低，兼香型低于酱香型和浓香型，董香型、芝麻香型与酱香型相当。

茅台酒作为酱香型白酒的典型代表，其总酸、总酯含量在众多优质名优白酒中是相对最高的。研究表明，茅台酒酸含量高，品种也多。酸中乙酸、乳酸含量在各种酒中都是最高的，此外，丁酸、己酸、异丁酸、异戊酸、庚酸、辛酸、壬酸等也有一定数量。茅台酒中不饱和的油酸和亚油酸含量也高。茅台酒中的总酯含量比浓香型白酒低，但乳酸乙酯含量最高，己酸乙酯含量低于浓香型，从低沸点的甲酸乙酯到中沸点的辛酸乙酯，直到高沸点的油酸乙酯、亚油酸乙酯都存在。茅台酒中种类丰富、含量均衡的总酸、总酯是构成茅台酒酱香突出、幽雅细腻、酒体醇厚、回味悠长、空杯留香持久风格底蕴的重要组成部分。据史料可查（图7-3），自1961年起，茅台酒中总酸、总酯含量就符合酱香型白酒高度酒优级指标，而且自那时起，就严格将总酸、总酯含量作为出厂酒评价指标。

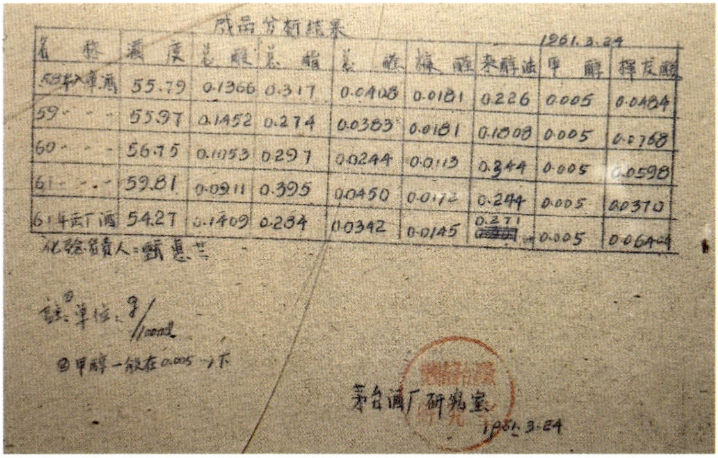

成品分析结果

1961.3.24

名称	酒度	总酸	总酯	总醛	糠醛	杂醇油	甲醇	挥发酸
58年入库酒	55.79	0.1366	0.317	0.0408	0.0181	0.226	0.005	0.0484
59〃〃〃	55.97	0.1452	0.274	0.0383	0.0181	0.1808	0.005	0.0768
60〃〃〃	56.75	0.1053	0.297	0.0244	0.0113	0.344	0.005	0.0598
61〃〃〃	59.81	0.0911	0.395	0.0450	0.0172	0.244	0.005	0.0310
61年出厂酒	54.27	0.1409	0.284	0.0342	0.0145	0.271	0.005	0.0644

化验负责人：[illegible]

①单位：g/100ml

②甲醇一般在0.005以下

茅台酒厂研究室

1961.3.24

图7-3　茅台酒成分分析结果（1961年）

二、初步揭示茅台酒微量成分品质特征

传统时期茅台酒的组分分析主要停留在总酸、总酯等方面，对于茅台酒中风味物质的组成及含量却知之甚少。随着科学技术的发展，特别是在仪器分析领域，对物质组分的解析已从简单的化学分析逐步演化为以仪器分析为主的多组分、痕量分析[11]。

1964—1965年，轻工业部派出周恒刚工程师，从全国抽调部分专家、学者、技术人员到茅台酒厂进行第二次科学研究工作，即第一期茅台试点。其间，首次采用纸上层析的方法，剖析出茅台酒香气成分48种，开启了茅台酒香气成分研究之路。

1974—1985年，茅台酒异地试验期间通过气相色谱分析方法从化合物成分角度对茅台酒进行了分析，茅台酒成分研究从传统化学分析时代进入仪器分析时代（图7–4）。此后，茅台逐步引入了气相色谱仪、气相色谱质谱联用仪、液相色谱仪、三重四级杆液质联用仪、全二维气相色谱—飞行时间质谱（图7–5）等一系列先进的大型分析测试仪器，建立了由多种先进分析技术、多套分析方法构成的白酒成分分析平台。

1998年，应用GC–MS结合样品预处理技术剖析茅台酒成分233种，其中醚醇类43种，酸类28种，酯类62种，羰基类32种，酚类12种，含氮类46种，芳香族类8种，其他2种，新增芳香族类物质解析，

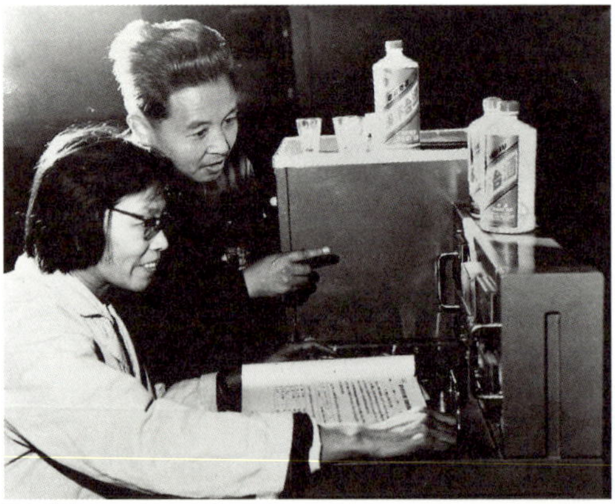

图7–4　20世纪70年代茅台酒厂副总工程师杨仁勉（右）与技术员徐英工作场景

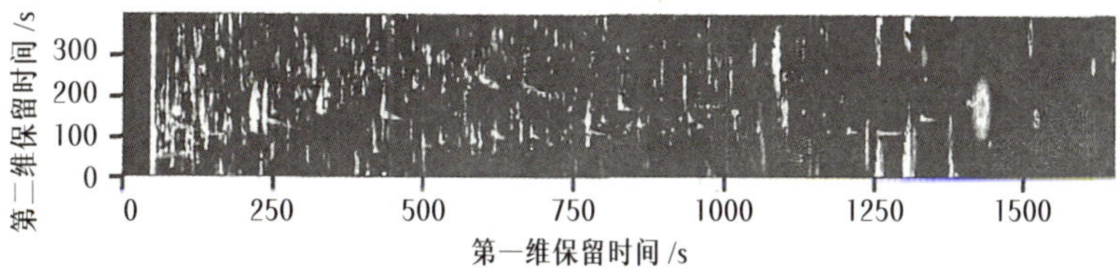

图7-5 采用全二维气相色谱-飞行时间质谱分析酱香型白酒

丰富了茅台酒中风味分类组成。2005年，茅台和有关院校合作，应用全二维分析技术剖析茅台酒成分873种，其中酯类380种，酸类85种，醇类155种，酮类96种，醛类73种，含氮类36种，其他48种。

2012年，在茅台酒中发现上千种成分，已定性化合物965种，分别为酯类、酸类、醇类、醛类、酮类、酚类、芳香族类、呋喃类、含氮化合物、含硫化合物等。根据已有的研究报道可知茅台酒是微量成分含量非常丰富的蒸馏酒。

（一）酯类物质

酯类化合物是茅台酒所含微量物质中种类最丰富的一类物质，已定性的酯类物质共有380种。茅台酒中酯类分为乙酯类、乙酸酯类、丁酸酯及异丁酸酯类、己酸酯及异己酸酯类和不饱和酯类[12]。其中乙酯类是一大类重要的酯类化合物，C2～C16酸乙酯在茅台酒中均有检出，还有支链酸乙酯类物质，如异丁酸乙酯、2-甲基丙酸乙酯、3-甲基丙酸乙酯等。乙酸酯类物质包括乙酸己酯、乙酸异戊酯；丁酸酯及异丁酸酯类包括丁酸丙酯、丁酸异戊酯；己酸酯及异己酸酯类主要包括己酸丙酯、己酸丁酯、己酸戊酯、己酸己酯以及己酸异戊酯；不饱和酯类主要包括油酸乙酯和亚油酸乙酯等。

（二）酸类物质

茅台酒中酸类物质的含量位居各香型白酒前列，目前在茅台酒中发现的酸类物质有85种，主要有挥发性酸和难挥发性酸等，其中挥发性酸以乙酸、丙酸、丁酸、戊酸、异戊酸、己酸等为代表，难挥发性酸主要为乳酸、丁二酸、肉豆蔻酸、棕榈酸、油酸、亚油酸以及硬脂酸等。

（三）醇类物质

醇类物质是白酒中重要的色谱骨架成分，在白酒中占重要地位。在茅台酒中富含大量的醇类物质，采用气相色谱法分析醇类物质如图7-6所示。目前在茅台酒中定性的醇类物质共155种。醇类物质主要可分为一元醇和多元醇等，其中一元醇主要包括正丙醇、正丁醇、仲丁醇、异丁醇、正戊醇、异戊醇、2-戊醇、正己醇等。多元醇主要有1，2-丙二醇、2，3-丁二醇、丙三醇等。

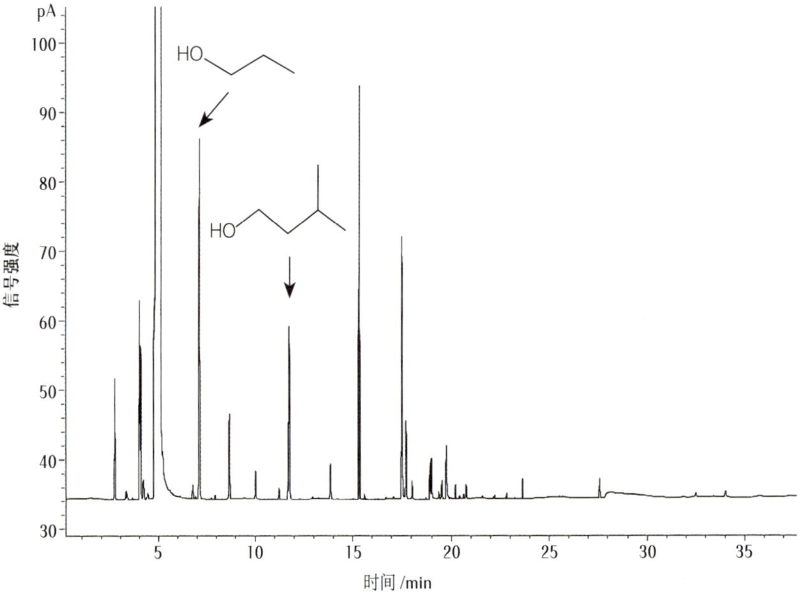

图7-6　采用气相色谱法分析醇类物质色谱图

（四）酮类物质

白酒酿造过程中会产生一定量的酮类，目前在茅台酒中共检测到96种酮类物质，包含饱和酮和不饱和酮类物质。饱和酮类物质主要以2-戊酮、2-己酮、2-庚酮、3-辛酮、2-壬酮、2-十二酮等为主；不饱和酮包括6–甲基–5–庚烯–2–酮、2–甲基–1–庚烯–6–酮、2–环己烯–1，4–二酮、2–壬烯–4–酮等。

（五）醛类物质

醛类是白酒中重要成分，在茅台酒中共检测到73种醛类物质，包括饱和脂肪醛、不饱和脂肪醛和缩醛类物质。饱和脂肪醛主要以乙醛、丙醛、壬醛、2–甲基丙醛、3–甲基丁醛等为主；不饱和脂肪醛主要为烯醛类物质[13]。缩醛类物质是醇和醛缩合反应的产物，茅台酒中重要的缩醛类物质为乙缩醛，其含量也是众香型白酒中最多的，与白酒的老熟时间有强烈的相关性[14]，茅台酒中还存在1，1–二乙氧基–3–甲基丁烷、1，1，3–三乙氧基丙烷等缩醛类物质。

（六）酚类物质

目前在茅台酒中共检测到13种酚类物质，包括2–甲氧基苯酚（愈创木酚）、4–甲基愈创木酚、4–乙基愈创木酚、4–乙烯基愈创木酚等。采用气相色谱质谱法分析酚类物质如图7–7所示。研究表

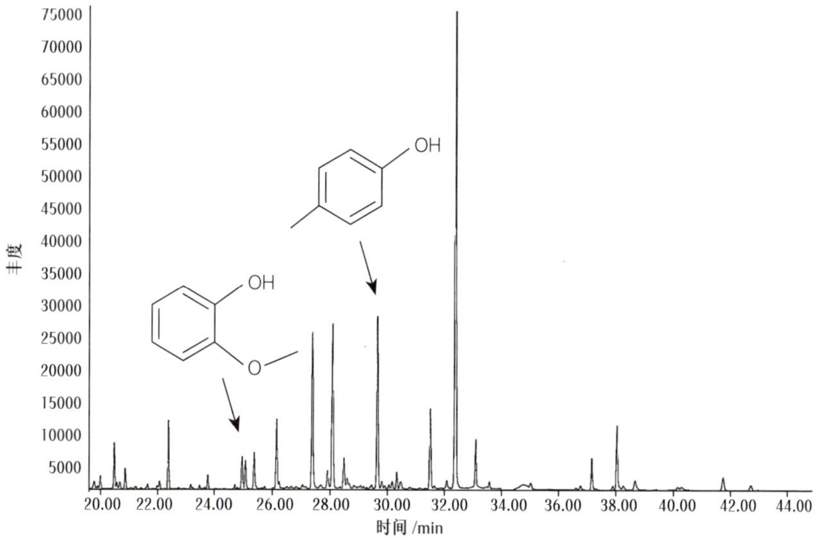

图7–7　采用气相色谱质谱法分析酚类物质的质谱图

明，愈创木酚、4-甲基愈创木酚、4-乙基愈创木酚、3-甲氧基-4-羟基肉桂酸（一种酚酸）等酚类化合物具有清除自由基、抗衰老及预防众多疾病的功能。例如4-乙基愈创木酚有助于降低血糖活性，消除活性氧，预防心脏病、脑出血、衰老等疾病的发生[15]；愈创木酚可以预防慢性气管炎的多痰咳嗽[16]；3-甲氧基-4-羟基肉桂酸在一定程度上有抗氧化、抗血栓、消炎镇痛，预防冠心病、脑血管、脉管炎及白细胞和血小板减少的作用[17-18]。

（七）芳香族类物质

芳香族化合物是白酒中一类重要呈香化合物，目前在茅台酒中共发现了183种芳香族类化合物，按照所含官能团的不同可以分为芳香族酯类、芳香族醇类、芳香族醛类、芳香族酮类、芳香族酸类等类别。其中芳香族酯类是茅台酒中所有芳香族化合物中最多的，包括脂肪酸芳香酯，如乙酸-2-苯乙酯、乙酸苯甲酯等；芳香族酸酯，如苯甲酸乙酯、2-苯乙酸乙酯、3-苯丙酸乙酯、苯丁酸乙酯等。芳香族醇类包括苯甲醇、*β*-苯乙醇、3-苯丙醇等。茅台酒中还存在一些芳香族醛类，如苯甲醛、苯乙醛、（*E*）-肉桂醛、3-甲氧基-4-羟基苯甲醛、1，1-二乙氧基-2-苯乙烷等。茅台酒中常见的芳香族酮类以苯乙酮、苯丙酮为主。此外，茅台酒中还存在大量的芳香族酸类，如苯甲酸、苯乙酸、苯丙酸等。

（八）呋喃类物质

呋喃类化合物是发酵过程中发生的美拉德反应的主要产物之一。茅台酒独特的“三高”生产工艺，生成了丰富的呋喃类物质。目前在茅台酒中已经检测到65种呋喃类物质，主要包括糠醛、5-甲基糠醛、5-羟甲基-2-糠醛、2-乙酰基呋喃、2-丁酰呋喃、2-戊酰呋喃、2-糠醇、乙酸糠酯、庚酸糠酯等。研究表明5-羟甲基-2-糠醛具有较强的抗氧化性、有益于口腔健康和抗心肌缺血作用，此外，最新研究报道发现低剂量糠醛在体外和体内减弱了乙醇诱导的毒性[19]。

（九）含氮类物质

茅台酒中含氮化合物较为丰富，从类别上分有吡嗪类、吡啶类、吡咯类和其他含氮化合物。采用质谱方法分析吡嗪类物质如图7-8所示。目前在茅台酒中检测到54种吡嗪类物质，是白酒中检测到数量最多的，包括三甲基吡嗪、四甲基吡嗪、2，5-二甲基吡嗪等。研究发现，四甲基吡嗪能通过血脑屏障，具有扩张血管、改善微循环及抑制血小板集聚等作用，在临床上用于缺血性血管疾病的预防，并且还具有重要的药理作用[20]，有助于抑制平滑肌细胞和成纤维细胞增生[21]、利尿[22]、保肝[23]、抗结核[24]等。相关研究表明四甲基吡嗪在一定程度上能够保护重度脑损害昏迷患者的脑功能[25]。一定剂量范围、一定疗程的四甲基吡嗪对抑制骨细胞凋亡有辅助作用[26-27]。四甲基吡嗪为中药单体，有降低低氧肺动脉高压的作用，且不影响动脉血压，已被《中国药典》（2010版）收录。此外，茅台酒中还检测到6种吡咯类物质以及13种吡啶类物质。

（十）含硫化合物

含硫化合物具有极低的香气阈值和强烈的气味，其独特的香气特征是白酒中一类十分重要的香气物质。目前在茅台酒中共检测到58种含硫化合物，其中含量较高的为二甲基二硫和二甲基三硫，除此之外，还有含量较低但具有较强香气贡献的2-噻吩甲醛、4-甲硫基苯酚、3-甲硫基丙醛、甲硫基乙酸乙酯、二甲基硫等。

茅台酒风味物质的丰富性主要归功于传统固态发酵工艺，是多菌种、开放性的发酵过程，最大限度地利用、富集了微生物的代谢产物，为茅台酒贡献了丰富的风味成分。茅台酒的酿造需要经过九次蒸煮、八次发酵、七次取酒，历时一年，才能完成一个

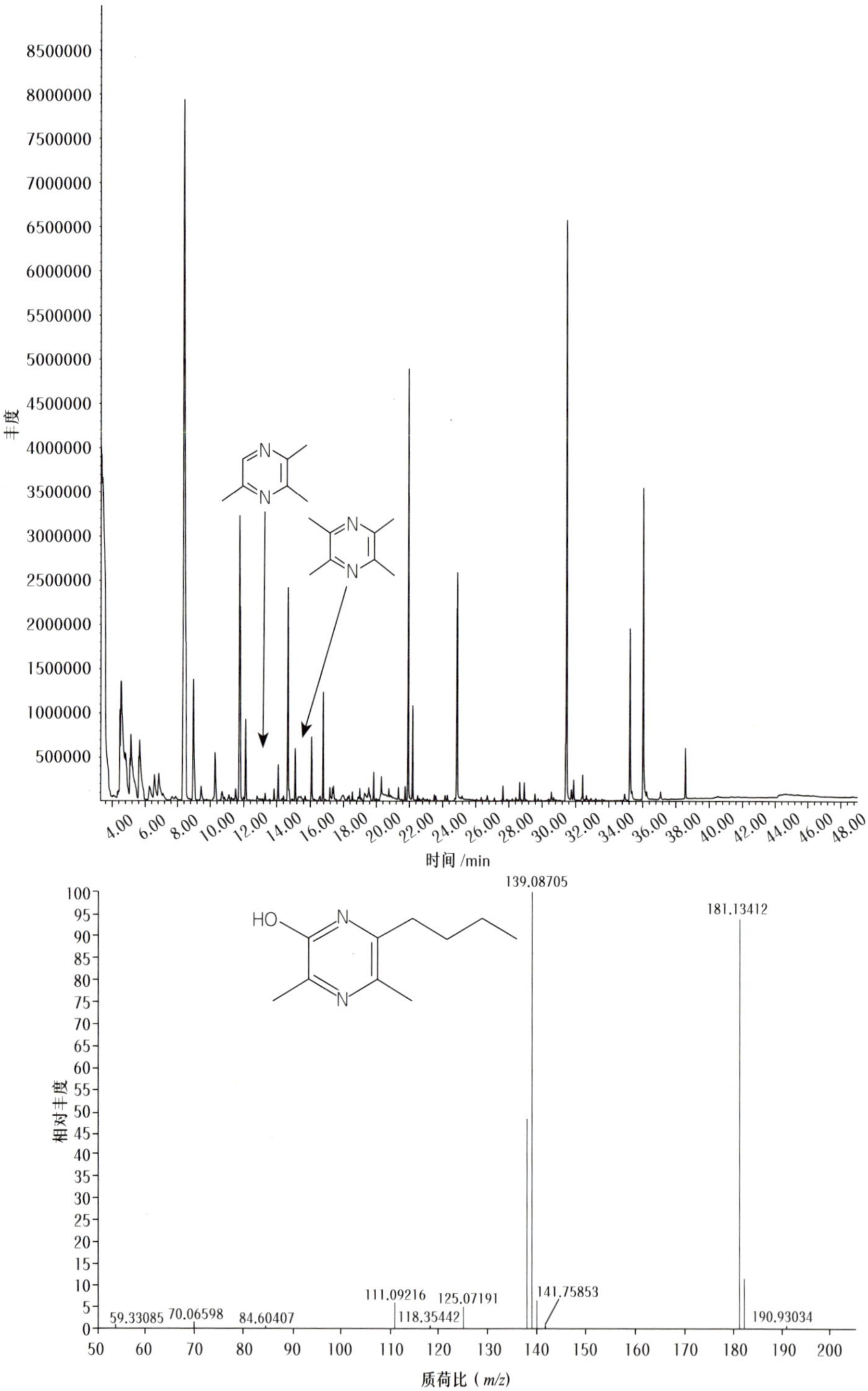

图7-8　采用质谱方法分析吡嗪类物质的质谱图[28]

生产周期。多轮次的发酵取酒，进一步增加了茅台酒中风味物质数量。茅台酒风味成分的解析，初步揭示了茅台酒风味特征。

三、风味导向技术解析茅台酒风味品质内涵

随着研究的深入，风味导向技术在茅台酒的品质评价和控制过程中得以应用，进一步解析了茅台酒风味品质内涵。感官导向风味贡献分析技术采用现代风味化学和分析化学理论，从白酒上千种微量成分中发现和确定对白酒具有风味贡献的化合物，并确认关键风味和异嗅（味）物质的化学本质，解析关键风味和异嗅（味）物质的感官特征[29]。

2006—2009年，茅台建立了酱香型白酒茅台酒风味物质剖析技术体系及风味研究平台，运用风味+感官导向研究方法学的思路，茅台首次将气相色谱-闻香技术（GC-O）、时间强度（OSME）、气相色谱-质谱（GC-MS）技术结合进行酱香型白酒的风味研究，应用OSME法检测到茅台酒中361种风味物质，充分结合感官判定将其归属为酸香、花香、焙烤香、水果香、青草香、甜香、干植物香、空杯香、其他香等9大类香气，实现了对茅台酒香气特征的解析。

（一）酸香

酸香指白酒中挥发性酸类物质所呈现的香气特征，是茅台酒香和味的重要组成部分。如呈现酸香和酸味的C2～C10酸、（*S*）-2-羟基丙酸（乳酸）、2-甲基丙酸（异丁酸）、富马酸、苹果酸等。当酒体中酸过低，酒体欠绵，香味欠协调，焦煳味、涩感明显，欠爽；当酸过高时，酸涩味重，影响酒的协调爽净。

（二）花香

花香指白酒呈现的类似植物花朵散发的香气特征。花香主要贡

献化合物为芳香族化合物，芳香族醇类如β–苯乙醇、3–苯丙醇呈玫瑰花香，脂肪酸芳香酯类如乙酸苯乙酯、乙酸苯甲酯分别呈玫瑰花香和茉莉花香，芳香族酸酯如苯乙酸乙酯、苯丙酸乙酯分别呈玫瑰花香和甜花香。

（三）焙烤香（坚果香）

焙烤香指白酒呈现的类似焙烤粮食谷物的香气特征。焙烤香主要贡献化合物为吡嗪类和呋喃类化合物。吡嗪类化合物是茅台酒中一类重要的含氮类风味化合物，该类化合物风味阈值低，具有焙烤香和坚果香等怡人风味，并对其他香味物质有明显的烘托叠加作用。茅台酒中含量丰富的四甲基吡嗪、三甲基吡嗪等正是茅台酒令人愉悦的焙烤香、坚果香的主要来源物质。呋喃类化合物是发酵过程中发生的美拉德反应的主要产物之一，茅台酒独特的“三高”生产工艺，生成了丰富的呋喃类物质，其中绝大多数如2–乙酰基呋喃、5–甲基糠醛等贡献了坚果香、烘焙香。

（四）水果香

水果香指白酒呈现的类似果类的香气特征。水果香主要贡献化合物是酯类化合物。酯类化合物在白酒中主要起呈香作用，可在不同程度上增加酒的香气，是形成酒体香气浓郁特征的主要因素。丁酸乙酯、戊酸乙酯、庚酸乙酯、辛酸乙酯、癸酸乙酯等酯类化合物贡献了令人愉悦的水果香气。

（五）青草香

青草香指白酒呈现的类似树叶青草类的香气特征。青草香贡献化合物包括醇类、醛类和呋喃类化合物，如正丁醇、正戊醇、2–辛酮、2–壬酮、糠醛和糠醇等，其中醇类物质是白酒中重要的色谱骨架成分，在白酒中占重要地位，它是白酒中助香剂的主要物质来源。

（六）甜香

甜香指白酒呈现类似甜味感受的香气特征。甜香贡献化合物有γ–壬内酯、2–庚酮、苯甲酸乙酯等，呈现甜香或奶香。白酒中的甜香气味是较为常见的风味之一，是构成“醇甜”香型的重要感官组分，是构成酱香型白酒复合香的主要成分，对白酒幽雅风味和高品质质量有重要的影响。

（七）干植物香

干植物香指白酒呈现的类似干草香、中草药香的香气特征。干植物香贡献化合物包括萜烯类化合物、吡咯类化合物和含硫化合物。白酒中的萜烯类化合物是白酒的功能化合物，具有一定的保健或药物作用，而且还是重要的呈香呈味化合物，使得茅台酒呈现复合的植物香、草本香。

（八）空杯香

空杯香指盛过白酒的空杯放置一段时间后，所嗅闻到的香气特征。空杯香是茅台酒区别于其他名酒的又一特点，也是体会茅台酒特色的一个重要环节。空杯香是酱香、曲香、花香等复合香气，倒扣酒杯第二天也可以感受到。空杯香主要贡献化合物是难挥发的聚合物大分子以及多种含有芳香气味的酯类物质，导致茅台酒香气持久、余韵悠长。

（九）其他香

其他香指不属于上述香气之外的香气，如馊香、硫气香和窖香等香气。其他香影响白酒风味特征，进而关系到白酒品质。

茅台酒的感官结构是十分复杂的，既有时间的层次感，又有空间的层次感，“香气幽雅，诸味协调”需要风味成分间合理均衡匹配，天衣无缝，恰到好处，才能成就茅台酒卓越的风味品质（图7–9）。

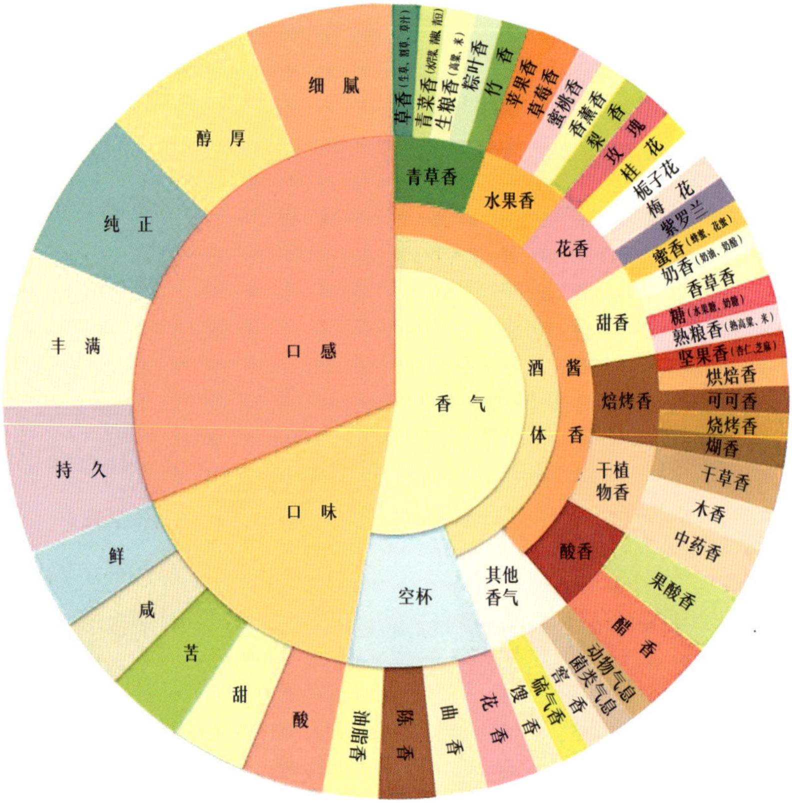

图7-9 茅台酒风味轮（风味组成）

四、茅台酒复杂的呈香呈味机理

茅台酒以其香味成分复杂、主体香气成分不明确而著称于白酒界，从20世纪60年代“两期试点”开始，人们一直致力于发现酱香型的主体香或特征风味成分。关于茅台酒主体香气成分，学术界有几种推测和假设。1964年“两期试点”时认为茅台酒主体香气成分是4-乙基愈创木酚这类高沸点酚类化合物[30]。1982年，贵州省轻工业科学研究所在贵阳召开“茅台酒主体香成分解剖及制曲酿酒主要微生物与香味关系的研究”成果鉴定，经相关单位反复验证，认为4-乙基愈创木酚不是茅台酒的主体香，茅台酒的主体香可能是高沸点的酸性物质与低沸点的酯类物质组成的复合香。后来有学者提出吡嗪类化合物是酱香型白酒的关键香气成分，然而添加试验证明，吡嗪特别是含量高的四甲基吡嗪的添加，并不能产生典型的酱香香气。随后又有学者提出呋喃类和吡喃类衍生物的猜想，但均未得到有力的科学验证。范文来等则推测酱香型的主体香或关键香气可能是一种或一类化合物[31]，其沸点相对较高、极性相对较强、具有醇脂溶性、浓度非常低，且阈值更低，呈现酸性或中性。然而，直到现在，茅台酒“幽雅细腻”的主体香均未成功得以解析。

此外，通过感官与仪器相结合的分析表明，茅台酒存在大量的含量极低，但对茅台酒感官贡献大的风味物质，这些物质均是当前分析手段难以解析的未知化合物。这些复杂的风味体系综合起来形成了茅台酒独特的典型风格，印证了茅台酒呈香呈味机理的复杂性。

茅台酒是成百上千种香味成分组成的集合体，保持各种香味成分之间的协调、平衡是保持酒质稳定的基础。茅台酒独特的生产工艺赋予了茅台酒丰富的风味物质，而这些风味物质正是取自于丰富多样的基酒。

茅台酒一至七轮次基酒风味物质含量各不相同，在实现茅台酒最终物质量比协调的过程中起着重要作用。一轮次酒出产于小寒和大寒时节，丙酸、丙酸乙酯、仲丁醇、乙酸、乙酸乙酯的含量高于其他轮次；二轮次酒出产于雨水和惊蛰时节，醛类香气明显，乙酸乙酯含量高，乳酸乙酯稍低；三轮次酒产于清明和谷雨时节，酸、酯、多元醇含量较高，有明显醛香，乙醛和乙缩醛的含量高于其他轮次；四轮次酒出产于小满和芒种时节，乙酸、乙酸乙酯含量递减；五轮次酒出产于夏至和小暑时节；六轮次酒产于大暑和立秋时节，脂肪酸酯含量高；七轮次酒酿于白露和秋分时节，异戊醛、2，6–二甲基吡嗪含量高于其他轮次。只有融合不同物质含量的基酒，通过组合、平衡、勾兑，各类风味物质经历缔合、酯化、水解等化学及物理变化，酒体才能实现物质量比协调，将香气香味完美地呈现出来。

第三节 茅台酒产品品质稳定提升

茅台酒能够被消费者认可喜欢的根本原因，在于其多年如一日地对卓越品质的追求。一直以来，茅台酒厂坚持以质求存，继承创新，坚持走质量效益型道路。首先是坚持“产量服从质量，速度服从质量，成本服从质量，效益服从质量”的质量原则，坚决落实“继承传统工艺，创新科技内涵”。结合传统工艺的精华与先进的科学技术和管理方法，创造和研究新的方法、新的技术、新的成果、新的建树。通过长期以来对茅台酒传统工艺的发掘、总结和规范工作，结合茅台酒的感官研究及风味研究，促进了茅台酒核心技术的形成和茅台酒质量的稳定提高。

一、严格生产管理奠定茅台酒品质基础

（一）严管严控把好入口关

高粱和小麦是酿造茅台酒的主要原料，原料种植基地是茅台酒的“第一生产车间”，茅台在业内最早建设有机原料基地，原料基地的建设以保质保量供给有机原料为宗旨，以良好有效的基地管理为基础，从源头保证了产品质量。一颗种子在幻化成茅台酒前，迎接它的将是“三级检验”多个质检关口的考验：第一关是农户交售到供应商收储点仓库后，茅台会组织相关部门进行抽样检测；第二关是检验合格后的高粱或小麦调运至库房时，再由相关部门根据抽样合格样品，组织现场验收，各项指标符合要求的方能入库；第三关是高粱或小麦由库房调运至生产班组时，由生产车间班组进行再次检验，不符合质量标准的原料将被淘汰，不允许在生产中使用。

茅台始终坚持以消费者为中心，致力于满足消费者对健康、有机的美好生活的向往。茅台于1999年申请并通过绿色食品认证，2001年开始申请并通过有机认证，成为行业集“绿色食品、有机食品、地理标志产品”于一身的产品，通过“有机”保证原料的品质，进而保证茅台酒的品质。茅台牢固树立新发展理念，严格按照有机农业和绿色农业生产需求，以科技为支持，以质量为保障，以良好有效的基地管理为基础，以提高农户及相关方满意度为指南，着力实施科学有效的“公司+基地+农户”三级管理模式，并逐年拓展基地规模，塑造了工业反哺农业的典范。

（二）崇本守道抓好生产关

茅台始终严格执行传统酿造工艺，以生产作业指导书为基本准则，因时制宜，因地制宜，严格按照工序质量控制标准，确保 30 道工序、165个工艺环节处于稳定受控状态。确保传统工艺得以有效贯彻，并通过作业标准化、师带徒等多种途径，实现茅台酒酿制技艺的传承，使“质量是生命之魂”的思想和全员、全面、全过程的质量管理理念深植于每位员工心中。设置三级工序质量控制点，明确专人负责，形成公司、车间、班组三级监控的工序质量控制模式。在5S管理（整理、整顿、清扫、清洁、素养）基础上增加“安全”“节约”两项内容，提高员工综合素质，夯实班组基础管理，形成具有茅台特色的现场管理模式，把员工良好的行为习惯转变为过硬的产品品质。

（三）全面控制把好检验关

茅台多年来一直致力于构建生产全链条的食品安全与质量的监控体系。首先在原辅料采购环节对供应商进行资格审查，将检验环节前移至供应商，确保每批物料在进厂前均严格按照技术标准完成检验与评估。其次，在生产过程环节实施全过程质量检验，对大曲、酒醅、基酒等在制品进行严格检验。设置专职队伍对大曲、酒醅进行检验，及时掌握分析数据，为工艺控制提供指导；设置专职品评队伍，对基酒实施逐坛检验、分型定级，通过对基酒质量信息的收集、分析和反馈，达到指导生产、持续改进生产工艺的目的。最后，在产品出厂环节对出厂产品实行感官、理化、卫生和包装质量的全方位监控。公司评酒委员参照实物标准对产品进行感官检验，只有感官质量与实物标准相符后，才能进入理化和卫生指标检测程序，各项指标都合格后方可进行包装生产。在每条包装生产线均配置专职检验员，负责计量和包装质量检验。定期开展产品质量审核等活动，全面分析、持续改进，确保产品质量。

目前，公司以“制度管理+人性化管理”相结合的方式，建立了茅台特色管理标准19类345项管理标准在内的管理标准体系。茅台酒的生产实现了从原料进厂到产品出厂的全过程制度化、规范化管理。茅台一直秉持“酿造高品质的生活”的使命，不懈追求产品的高品质，始终坚持“质量第一”的思想，通过长期的积淀、提炼与实践，逐步形成了“酒香、风正、人和”的核心价值观、“崇本守道、坚守工艺、贮足陈酿、不卖新酒”的质量观和“三不准、四服从”的行为准则，致力于为顾客提供高品质的产品。以质求存、继承创新是茅台确保产品质量稳步提升，同时实现可持续发展的根本理念，今后茅台还将坚持下去。

二、持续技术创新确保茅台酒品质稳定

（一）风味品质评价体系促进品质表达显性化

茅台已构建形成基于风味导向的产品品质评价体系，准确定性茅台酒中的965种风味物质，明确其中730种有风味贡献，361种有关键风味贡献，形成了茅台酒风味物质数据库和实物标准库，完善形成包含112项指标在内的感官、理化、风味协同的品质评价体系（图7-10），实现了茅台酒风味品质的可视化表达。

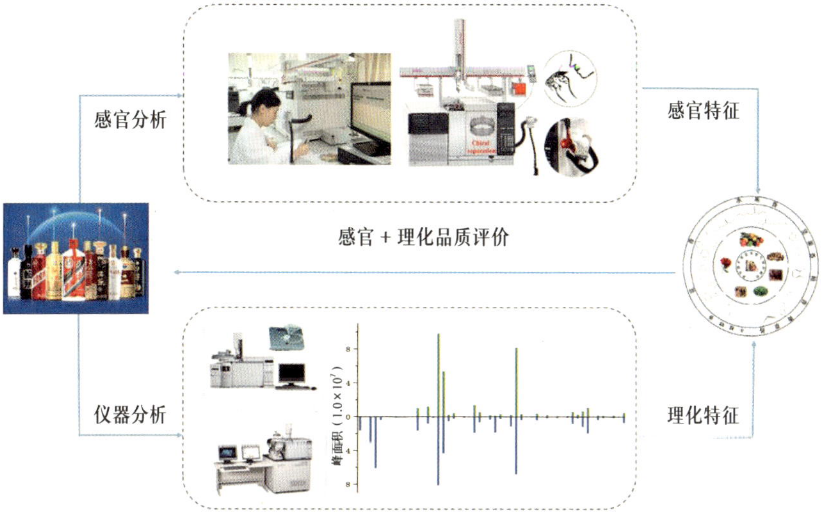

图7-10　感官、理化、风味协同的品质评价体系

围绕风味导向的白酒品质控制和质量溯源领域，茅台建立了国际领先的挥发性风味物质分析平台，使酱香型白酒的分析研究从单纯的微量成分分析全面上升到风味导向研究时代，广泛应用于酿造机理解析、产品品质保证、勾兑效率提升以及新产品开发等方面。在此基础上深化品质表达，进一步建立了“感官+风味+化学计量学”的白酒多维风味品质评价体系，并应用于产品设计、质量监控等方面。

（二）食品安全监控体系确保茅台酒品质基础

食品安全是品质的基石，一直以来，茅台始终高度重视产品生产全过程的食品安全控制。多年来，通过引进多种先进检测技术和管理手段，构建起以风险防控流程为制度驱动，以食品安全四大平台为技术驱动，以全产业链为控制目标的白酒质量安全风险管理体系。通过对全产业链过程所涉及的外源性和内源性食品安全风险因子进行精准识别，建立了生产全过程的风险因子等级数据库（图7-11）。引进、开发多种先进分析测试技术，开发建立了53个

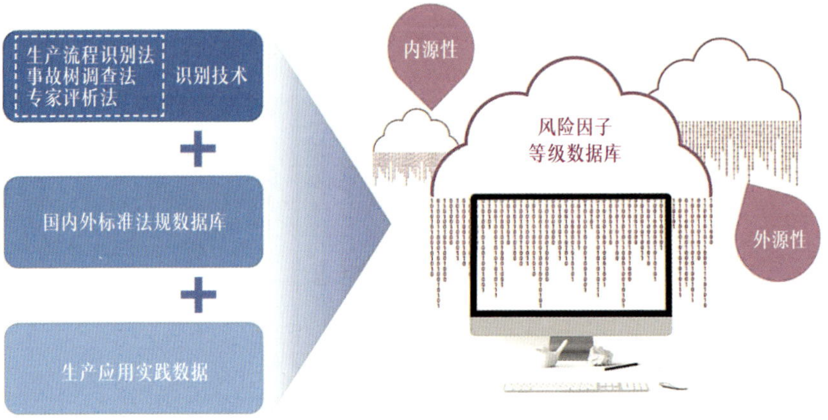

图7-11　精准识别全产业链食品安全风险因子

包含713项因子的筛查体系，构建形成关键风险因子重点管控、高风险因子常规监控、低风险因子前端管控有机结合的食品安全风险管控模式。同时，针对关键风险因子，形成全产业链直接或间接与酒接触49类物资1123项指标的食品安全控制技术标准，实施全产业链过程严格食品安全监控，以确保产品质量安全。目前，公司拥有白酒行业第一家中国合格评定国家认可委员会（CNAS）认可的白酒检测实验室，对产品食品安全监控的指标数量及标准已远远超过国家标准要求范围。

此外，公司还紧密跟踪国内外食品安全信息动态，截至2012年，公司已收集35个国家法律法规、标准834个，形成酒类食品安全标准法规库，以指导产品监控指标的动态更新和完善。

三、规范技术标准体系保障茅台酒品质提升

品质保障的关键除了围绕品质建立起的质量管理体系外，技术标准体系完整性和先进性也是产品品质的重要保障，技术标准体系的不断提升，推动着产品品质的提升。茅台在质量文化引领下，以制度促发展，持续加强和完善技术标准体系建设，从简单地总结

生产实践经验到制定产品、工艺标准，再到技术标准体系建设，经过几十年的探索，逐步建成了覆盖全产业链的现代化技术标准体系。

（一）经验总结时期（1956—1960年）

国营改制后，茅台开始注重生产工艺的规范和质量改进，通过对茅台传统工艺的总结，将笼统的生产实践经验归纳为操作规程、注意事项、质量标准、检验制度等，逐步奠定了茅台酒传统技艺规范化的基础，成为茅台酒技术体系标准的前身。

1956年，茅台首次制定了《产品制造工艺操作规程》《产品质量标准》《设备拆修制度》等3份技术标准，此后陆续将生产实践经验、具体技术要求等通过技术标准的形式固化和传承。

1957年，全面总结形成茅台酒传统工艺操作规程，起草制定了《茅台酒标准》（草案），初步构建起了茅台酒的质量标准。

1959年，轻工业部派出专业技术人员在茅台驻点开展工作，对茅台传统工艺进行了总结，编写了《贵州茅台酒的传统工艺总结》，为茅台酒技术体系标准的构建打牢了基础。

（二）标准体系探索时期（1975—1990年）

十一届三中全会前后，茅台传统酿造技艺进一步规范化发展，以“两期试点”的科学结论为基础，总结形成了一系列生产环节的工序要点，逐步形成了一套较完整的生产工艺流程。至此，茅台酒传统技艺得到全面规范，构建了初代技术标准体系，为茅台酒的质量提升奠定了坚实的基础。

1975—1980年，总结形成制酒、制曲、勾兑、包装四个主要生产环节的工序要点，包括操作规程、注意事项、质量标准、检验制度等。

1980—1990年，逐步将全厂窖池由碎石窖统一改造为条石窖，对每个窖的长度、宽度、深度以及窖条石的使用做了严格规定，形成了窖池的工装标准。建立了水质控制标准、原料抽样检测标准，初步形成了包含产品标准、工艺标准等7类58份标准在内的初代技术标准体系（图7-12）。

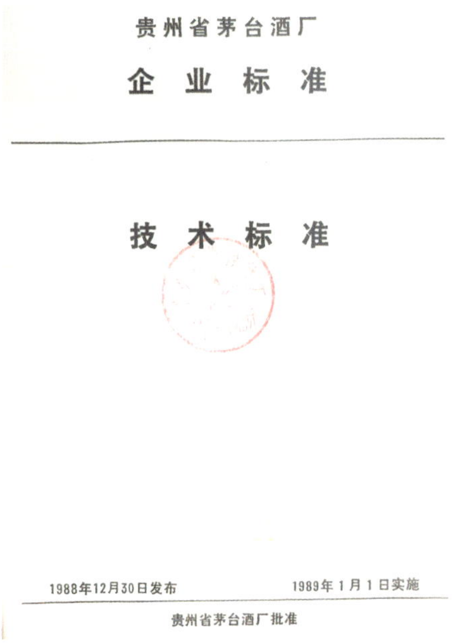
贵州省茅台酒厂

企 业 标 准

技 术 标 准

1988年12月30日发布　　1989年1月1日实施

贵州省茅台酒厂批准

图7-12　茅台酒厂初代技术标准体系

（三）标准体系完善时期（1991—2012年）

茅台向内不断规范、修订、制定、完善企业标准，向外积极参与国家、行业及团体标准制定、修订，进一步发挥标准化对酱香型白酒发展的技术支撑和保障作用，在初代技术标准体系的基础上不断完善，构建了覆盖全产业链的现代化技术标准体系。

1991—2000年，拓展了水质检测标准，增加了大气污染物综合排放等相关标准，进一步拓展了技术标准体系的覆盖面。

2001年，国家质量技术监督局批准贵州茅台酒为“原产地域保护产品”，茅台酒生产车间及拟建区域约7.5km^{2}被纳入茅台酒原产地域保护区，制定了白酒行业第一项地理标志产品国家标准GB 18356—2001《茅台酒（贵州茅台酒）》，该标准项目荣获“中国标准创新贡献奖”三等奖。2007年，国家质量监督检验检疫总局和国家标准化管理委员会发布了GB/T 18356—2007《地理标志产品：贵州茅台酒》，中国贵州茅台酒厂有限责任公司生产车间及新建区域共计约15.03km^{2}区域内被定为贵州茅台酒生产地理标志区域。

2008年，GB/T 8231—2007《高粱》和GB/T 1351—2008《小麦》技术标准实施，构建了原料技术标准体系，将安全预防关口前移，从源头保证了产品质量，为后续《茅台酒用有机高粱》等相关标准的制定奠定了基础。同期，经国家标准化管理委员会办公室批准，全国白酒标准化技术委员会酱香型白酒分技术委员会在贵阳成立，茅台担任秘书处承担单位，极大地推进了酱香型白酒国家标准的制定。

2009年，公司全面规范、修订、制定、完善了原有技术标准体系，制定了严格详细的制酒工装标准、制曲工装标准、贮存工装标准、包装工装标准等，形成了包含14类210个标准在内的、覆盖全产业链的现代化技术标准体系。

2011年主持制定的GB/T 26760—2011《酱香型白酒》，是行业内首批白酒香型国家标准，是白酒行业第一个由企业产品标准上升为国家标准的标准。此标准对酱香型白酒的术语和定义、产品分类、技术要求、试验方法、检验规则等内容进行了规定，明确了不能添加食用酒精及非白酒发酵产生的呈香呈味呈色物质，对酱香型白酒市场进行了科学有效的规范。该标准项目荣获“中国标准创新贡献奖”三等奖（图7-13）。

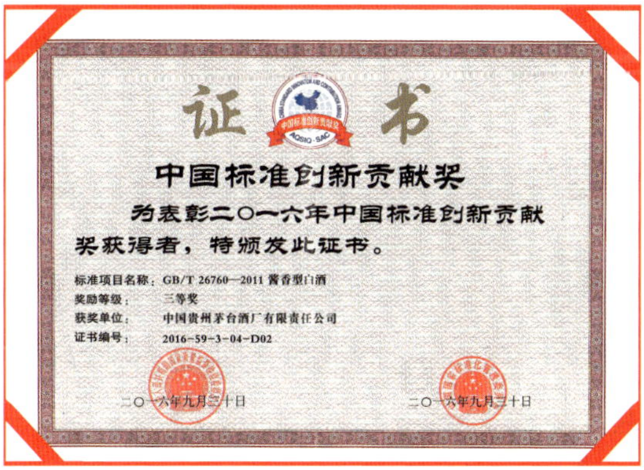

图7-13　GB/T 26760—2011《酱香型白酒》荣获“中国标准创新贡献奖”

2012年公司建立了“标准化管理体系改进数据库”，收集整理各单位和第三方机构关于公司各项标准制度的意见和建议，实现对各项标准制度操作性和适用性的有效监控。在国家标准的基础上，兼顾国际标准，设定范围比相应的国家标准更加广泛，指标更加严格。

截至2012年，公司建立了包含14类210个标准在内的技术标准体系，包括了技术基础标准、设计技术标准、产品标准、工艺技术标准、原辅料及器具技术标准、半成品技术标准、测量检验试验方法标准、职业健康技术标准、包装搬运贮存标志及交付技术标准、设备基础设施工艺装备技术标准、能源技术标准、安全技术标准、环境技术标准、信息技术标准，涵盖了从原料进厂到产品出厂的整个过程，有力地保障了产品质量和食品安全，为促进茅台酒品质稳定与提升提供了完善的技术保障体系。

虽然茅台现代化标准体系的应用取得了一系列成绩，但在新时代、新要求下，茅台一直对标最高要求，不断保持企业技术标准体系的适用性、先进性和科学性，形成公司技术标准体系，优化机制，定期制修订，加强标准实施。一是完善技术标准体系，形成一批更为先进、科学、适用的技术标准，实现标准覆盖的产业链范围更加拓宽，起点由“原料进厂”前移到原料种植环节，末端由“产品出厂”后移至产品流通的品质保障环节；产业链各环节的标准系列更加优化，进一步做实原辅料、采购、与酒接触材料、产品等重点环节；各项技术标准更加精进，技术指标与先进科研成果有机结合。二是加强落实标准实施，形成技术标准信息化及高效化管理模式，切实加强执行监督，不断提高监督质效，保障技术标准在企业的全面有效实施。三是深耕细作，着手打造一套促进生产更加规范、质量更有保障、产品更受肯定的行业技术标准体系。

1981年起，茅台主动顺应时代发展，引入全面质量管理理念，深入贯彻现代先进的质量管理体系；2003年首次争创全国质量奖（图7-14左），实现了产能破万吨、利润市值登上行业第一的历史性跨越；2011年第二次争创全国质量奖（图7-14右），实现了成为白酒行业头部领军企业和世界蒸馏酒第一品牌的历史性飞跃；2023年，茅台再次以争创全国质量奖为契机，对近十年来管理实践进行

图7-14 茅台两次荣获全国质量奖

全领域、全方位、多角度的系统总结，全员参与，齐心协力，奋力推动茅台高质量发展。到今天，茅台深入贯彻“质量是生命之魂”，相继提出“五匠”质量观、“365”质量管理体系等质量核心理念、质量管理理论，着力于高质量发展需求，通过开展对标世界一流管理提升行动，持续推进质量管理现代化，巩固茅台品质的最强核心竞争力，开创“各美其美、美美与共”的行业“竞合”新生态。

探源茅台光彩夺目的辉煌成就，对品质的坚守和对生产工艺科学的传承和创新是其根本指引。面对企业的发展，内外部的挑战，茅台始终保持踏踏实实做好一瓶酒的清醒。在长期的发展过程中，茅台人不断进行创新与总结，坚持匠心强企，深耕产品质量的稳定和提升，从而确保了茅台酒始终不变味，并以国企的责任与担当，不断带动中国白酒的产业价值提升，推动中国白酒高质量发展。

参考文献

1. 张莹，李兴发. 划分三种典型体命名“茅台香型”［J］. 当代贵州，2011，（24）：48.
2. 季克良. 茅台酒在中国白酒发展中的影响、地位及作用［J］. 酿酒科技，2003，（4）：29-31.
3. 赖登燡. 中国十种香型白酒工艺特点、香味特征及品评要点的研究［J］. 酿酒，2005，（6）：1-6.
4. 季克良，吕云怀，徐岩，等. 酱香型白酒茅台酒风味物质剖析技术体系建设及风味研究平台的建立［R］. 贵州省：贵州茅台酒股份有限公司，2009-8-8.

5. 陈兴晞，季克良. 茅台酒的独特性概述［J］. 酿酒科技，2006，(2)：79–84.
6. 季克良，郭坤亮. 剖读茅台酒的微量成分［J］. 酿酒科技，2006，(10)：98–100.
7. 张金修. 酒体设计实战技术精华［M］. 北京：化学工业出版社，2020.
8. 郭学武，范恩帝，马冰涛，等. 中国白酒中微量成分研究进展［J］. 食品科学，2020，41（11）：267–276.
9. 李莉，王秋叶，盛夏，等. 白酒中酯类对酒质的影响［J］. 食品安全导刊，2016，(36)：124.
10. 王旭亮. 中国白酒不同香型理化指标对比分析［J］. 酿酒科技，2013，(08)：10–12.
11. 熊燕飞，马卓，彭远松，等. 中国白酒风味成分的色谱分析方法研究进展［J］. 中国酿造，2019，38（11）：1–5.
12. 范文来，徐岩. 酒类风味化学［M］. 北京：中国轻工业出版社，2020.
13. 杨帆，曹念，王莉. 一种白酒中不饱和脂肪醛的测定方法及白酒中油脂气息判别方法［P］. 贵州省：CN114460184B，2023–10–03.
14. Zhu M，Fan W，Xu Y，et al. 1，1–Diethoxymethane and methanethiol as age markers in Chinese roasted–sesame–like aroma and flavour type liquor［J］. European Food Research and Technology，2016，242（11）：1985–1992.
15. 杨涛，李国友，吴林蔚，等. 中国白酒健康因子的研究及其产生菌选育和在生产中的应用（I）：中国白酒健康因子的研究［J］. 酿酒科技，2010，(12)：65–68.
16. Samanta Aguilar–Avila Dalia，Eduardo Flores–Soto Mario，Tapia–Vazquez Carolina，et al. β–Caryophyllene，a natural sesquiterpene，attenuates neuropathic pain and depressive–like behavior in experimental diabetic mice［J］. Journal of Medicinal Food，2019，22（5）：460–468.
17. 徐占成，陈勇，周泽华，等. 中国名酒剑南春中健康功能性成分的研究［J］. 酿酒科技，2008，(5)：41–44.
18. 张金修，李静，郭芳文. 白酒中微量成分对人体的作用［J］. 酿酒科技，2014，(10)：143.
19. Cheng Z，Luo X，Zhu Z，et al. Furfural produces dose dependent attenuating effects on ethanol–induced toxicity in the liver［J］. Frontiers in Pharmacology，2022，13：906933.
20. Lian X，Wang S，Xu G，et al. The application with tetramethyl pyrazine for antithrombogenicity improvement on silk fibroin surface［J］. Applied Surface Science，2008，255（2）：480–482.
21. Nie S，Kwan C，Epand R. Pyrazine derivatives affect membrane fluidity of vascular smooth muscle microsomes in relation to their biological activity［J］. European Journal of Pharmacology，1993，244（1）：15–19.
22. Jones JH，Bicking JB，Cragoe EJ Jr. Pyrazine diuretics. IV. *N*–amidino–3–amino–6–substituted pyrazinecarboxamides［J］. Journal of Medicinal Chemistry，1969，12（2）：285–287.
23. Kim SG，Kedderis GL，Batra R，et al. Induction of rat liver microsomal epoxide hydrolase by thiazole and pyrazine：hydrolysis of 2–cyanoethylene oxide［J］. Carcinogenesis，1993，14（8）：1665–1670.

24. B Milczarska, H Foks, J Sokołowska, et al. Studies on pyrazine derivatives. XXXⅢ. Synthesis and tuberculostatic activity of 1-[1-(2-pyrazinyl)-ethyl]-4-*N*-substituted thiosernicarbazide derivatives [J]. Acta Poloniae pharmaceutica, 1999, 56 (2): 124-126.

25. 杜波，单爱军，张玉娟. 等. 川芎嗪对重度脑损害脑功能保护的量化研究 [J]. 中华急诊医学杂志，2013，22 (1)：73-76.

26. 蔡敏，李宏宇，来文兵，等. 川芎嗪对酒精性股骨头缺血性坏死骨细胞凋亡影响的实验研究 [J]. 中国临床新医学. 2013，6 (4)：311-314.

27. 罗长荣，王国中，邓家国. 川芎嗪对老年肺心病患者肺动脉高压的作用 [J]. 安徽医药，1997，1 (3)：18-19.

28. 胡光源，林琳，倪德让，等. 一种测定酱香型白酒中羟基吡嗪类化合物的方法 [P]. 贵州省：CN109917033B，2021-12-14.

29. 徐岩，范文来，吴群，等. 风味技术导向白酒酿造基础研究的进展 [J]. 酿酒科技，2012，(1)：17-22.

30. 沈怡方. 白酒生产技术全书 [M]. 北京：中国轻工业出版社，1998.

31. 范文来，徐岩. 酱香型白酒中呈酱香物质研究的回顾与展望 [J]. 酿酒，2012，39 (3)：8-16.

后记

POSTSCRIPT

季克良

在这本书成书之际，我还有很多话没有说，还有一大批人要感谢，没有他们的帮助，我也鼓不起勇气来写这本书。

首先感谢时任茅台集团的主要领导，这是因为我一直对写书自信不足，而且年事已高，更觉困难，是他们不断鼓励，为本书出谋划策，并委托茅台集团万波先生、涂华彬先生统筹，组织杨帆、牟明月、钟琳、雷良波、韩莹、林琳、陈良强、杨玉波、梁小刚、赵雅敏、张鑫、冯木苏、程艳波、李代鑫、艾梅、秦兴、席晓黎、李磊、杨理章、李永素、陈宗校、胡传旺、孙娟、常宝24位茅台技术人员帮助查找资料。在这两年期间，他们不间断地陪同我到各基层调研，查找文献，收集历史资料，分析历史数据，很是辛苦。而且成书之际执意不署名，只为能对行业有些许贡献就心满意足，让我十分感动。

与此同时，我这一生走来，能有荣幸加入茅台，为茅台酒的酿造和发展做些事，还要感谢母校的老师，感谢这几十年期间的老领导和茅台酒厂老酒师、工程技术人员，他们既给我知识，还给我工作上很多帮助和支持。这本《茅台酒酿造技艺原理与实践》，实际上也饱含着他们的心血和成果。

言有尽，但意难穷。在这里，我谨一一表示衷心感激！